结构化森林经营技术指南

A Guide to Structure-Based Forest Management

惠刚盈　赵中华　胡艳波　　著

中国林业出版社

图书在版编目（CIP）数据

结构化森林经营技术指南/惠刚盈等著. —北京：中国林业出版社，2010.1

ISBN 978 - 7 - 5038 - 5765 - 2

Ⅰ. ①结… Ⅱ. ①惠… Ⅲ. ①森林经营 – 指南 Ⅳ. ①S75 - 62

中国版本图书馆 CIP 数据核字（2009）第 244511 号

出　　版：中国林业出版社（100009　北京西城区德内大街刘海胡同 7 号）
网　　址：www.cfph.com.cn
E - mail：cfphz@ public.bta.net.cn　　　电话：（010）83224477
发　　行：新华书店北京发行所
印　　刷：北京地质印刷厂
版　　次：2010 年 1 月第 1 版
印　　次：2010 年 1 月第 1 次
开　　本：787mm×1092mm　1/16
印　　张：13.25
字　　数：260 千字
印　　数：1～2000 册

前　　言

森林是人类和多种生物赖以生存和发展的基础。森林作为重要资源，与人类社会的发展休戚相关。20 世纪 90 年代以来，随着对森林的生态、社会和经济三大效益认识的逐步深刻，人类对林业的定位已经发生了深刻的变化，林业被赋予了新的内涵，林业已不再被视为以林产品为主的狭义、封闭式的产业，而是全球生态环境与经济社会发展格局中具有举足轻重的社会公益性事业。林业可持续发展的关键在于森林可持续经营。可以说，森林可持续经营是实现林业乃至社会可持续发展的前提条件，是现代林业发展的必然选择。

森林经营理论在其诞生以来的 200 多年时间里，一直在不断发展和完善，创立了许多理论和方法，从木材永续利用与法正林思想、森林多效益主导利用理论到法国和瑞士的检查法、德国的近自然森林经营、美国的生态系统经营，以及近来我国发展的森林生态采伐与更新体系、结构化森林经营等方法，经历了由追求木材生产到探求如何按照森林的自然生长规律和演替过程安排经营措施，实现森林可持续经营的变革。

结构化森林经营量化和发展了德国近自然森林经营方法，以培育健康森林为目标，以空间结构优化为手段，遵从健康稳定森林结构的普遍规律，既注重个体活力，更强调林分群体健康，依托可释性强的结构单元进行调整，已成为一种独特的、更具操作性的森林可持续经营方法。

结构化森林经营已在我国温带的阔叶红松林区、亚热带向暖温带过渡的小陇山锐齿栎天然林区和亚热带的贵州黎平常绿阔叶林区等不同林分类型中开展了经营试验。实践证明，针对不同的林分类型，在充分了解和认识其状态特征的基础上，以培育健康稳定的森林为目标，按照结构化森林经营的原则和方法安排各项经营措施，能够使林分的树种组成更加合理，林木个体和林分整体的健康水平明显提高，地带性顶极树种和乡土树种的优势程度上升，林分的水平结构和空间结构趋于合理，减小了培育目标树的竞争压力，树种的竞争关系得到了进一步的改善，林分更新和树种多样性得到了很好的保护和促进。

为进一步推广结构化森林经营方法，更好地使基层生产部门及林业工作者了解和掌握结构化森林经营技术，我们组织编著了《结构化森林经营技术指南》一书。本书介绍了结构化森林经营的目标、原则和经营方法，其中，重点对结构化森林经营方法的实施步骤作了全面系统的介绍，包括数据收集和分析方法、林分状态特征分析和评价方法、结构化森林经营设计和操作方法以及结构化森林经营效果评价方法等内容，并以不同气候区林分经营为例，介绍了结构化森林经营方法的具体应用。本书在内容上更加注重该方法在生产实践中的具体应用，以期更加直观明了地使读者掌握结构化森林经营方法的核心技术，更好地指导基层生产部门应用该方法开展森林经营活动。

值本书出版之际，感谢在结构化森林经营试验过程中给予大力支持和配合的吉林省蛟河林业实验局孙培琦局长、林天喜副局长、张显龙科长，甘肃省小陇山林业实验局袁士云处长、张宋智所长、刘文桢主任、洪彦军场长，贵州省林业调查规划院徐海总工程师，黎平县林业局姜樟彪副局长、吴治邦科长以及所有参与外业调查和经营试验的同志，感谢浙江省龙泉市林科所周红敏同志和中国林业科学研究院在读博士生张连金同学在书稿撰写过程中给予的热情帮助。

本书的出版得到了国家"十一五"科技支撑计划"基于空间结构优化的东北天然林经营技术研究（2006BAD03A0803）"专题、"西南山区退化天然林近自然化改造技术示范（2006BAD03A1006－1）"子专题、国家自然科学基金（30872021）和国家林业局科技推广项目"天然林经营与恢复技术推广（2008－7）"的共同资助，在此深表感谢。

著　者

2009 年 11 月

目　　录

1 总　则

1.1　编制背景

　　森林是陆地生态系统的主体，是人类和多种生物赖以生存和发展的基础。森林具有复杂的结构和功能，不仅为人类提供了大量的木质林产品和非木质林产品，并具有历史、文化、美学、休闲等方面的价值，在保障农牧业生产条件、维持生物多样性、保护生态环境、减免自然灾害、调节全球碳平衡和生物地球化学循环等方面起着重要和不可替代的作用。

　　森林经营理论在其诞生以来的 200 多年时间里，一直在不断发展和完善，以适应经济社会发展及生态环境保护对林业发展的要求。德国是最早提出森林经营理论的国家。1795 年德国林学家 Hartig 的"森林永续经营理论"提出了"森林经营应该这样调节森林采伐量，以致世世代代能从森林得到至少有我们这一代这么多的好处"的永续利用原则，这就是最早的森林可持续经营思想。虽然如今的森林可持续经营的内涵发生了很大的变化，但可持续这一概念始终没有变化。20 世纪 90 年代以来，随着人类对森林的生态、社会和经济三大效益认识的逐步深刻，人类对林业的定位已经发生了深刻的变化，林业被赋予了新的内涵。林业不仅是国民经济的重要组成部分，更是生态建设的主体，国土生态安全的重要保障，社会经济可持续发展的基础，是促进经济特别是农村经济、提高农民收入和人们生活质量的重要因素。可见，林业可持续发展和森林的可持续经营理论的提出，充分强调了森林的生产功能、环境保护和社会服务方面协调发展的必要性，实现森林的可持续经营是实现林业乃至社会可持续发展的前提条件。林业发展已进入了森林生态、社会、经济效益全面协调发展的现代林业模式。

世界森林面积的锐减、森林景观破碎化和森林生态系统功能下降而引起的生态环境问题，人工林结构单一、生态功能差，容易引起地力衰退、病虫害等一系列问题，使林学家、生态学家们认识到，依靠经营和培育结构简单的森林，特别是人工纯林是难以实现人类经济社会的可持续发展，只有按照森林的自然生长规律和演替过程安排经营措施，走"近自然林业"和"近自然森林经营"的道路，实现森林培育和经营的近自然化，才能真正发挥森林生态系统的各项效益，真正实现森林可持续经营和林业的可持续发展。关于森林可持续经营的标准与指标体系的制定，在全球范围内广泛开展，如国际上先后发起了"赫尔辛基进程"、"蒙特利尔进程"、"塔拉波托进程"等研究森林可持续经营标准和指标体系的行动；大多数国家也积极行动起来，开展了森林可持续经营理论的研究，建立了"模式林"，完善或发展了森林可持续经营的途径，其中既有大家所熟知的方法，如美国的生态系统经营、德国的近自然森林经营、法国和瑞士的检查法，也有近来我国发展的森林生态采伐与更新体系、结构化森林经营等方法（图1-1）。

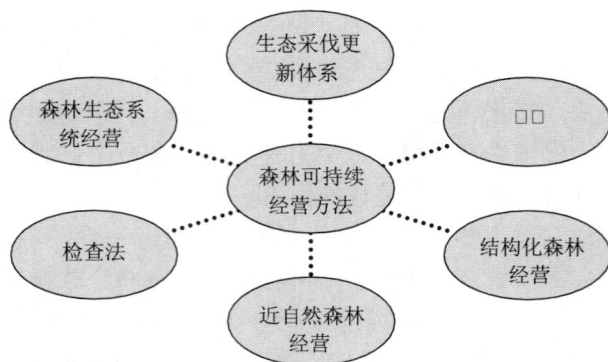

图1-1 森林可持续经营途径

以德国为代表的近自然林业思想是尽可能有效地运用生态系统的规律和自然力造就森林，它的经营模式是恒续林。以美国为代表的生态系统经营思想则强调把森林作为生物有机体和非生物环境组成的等级组织和复杂系统，用开放的复杂的大系统来经营森林资源，并认为森林是以人为主体的、由人类参与经营活动的、由人类社会——森林生物群落——自然环境组成的复合生态系统。森林生态系统经营的指导思想是人类与自然的协同发展，其经营目标是从森林生态系统管理的整体作用出发，以维持森林生态系统在自然、社会系统中的服务功能为中心，通过森林生态系统管理，维持整个生态系统的健康和活力，注重景观水平上的效果，将生态系统整体的稳定性和经济社会系统的稳定性结合起来，向社会提供可持续的产品和服务，而不仅仅是某种物质产品。这种对森林生态系统服务功能的维护，不仅是获得物质产品的基础，而且是人类持续生存依赖的根本。无论是德国的近自然林业经营思想还是美国的生态系统经营思想，它们的实质都是要按照森林生态系统的规律进行森林经营。

森林经营的方法如同其他科学技术方法一样，有其不断自我完善的过程，也存在借鉴、继承和发展的关系。如美国的生态系统经营是在"新林业"的基础上发展起来的；德国的近自然森林经营是在批判"法正林"并完善经典"恒续林模式"的基础上形成的，已有100多年的历史和大量的成功实例；法国和瑞士的检查法虽然出发点仅着眼于木材生产，但由于其通过直径分布、主要林木生长量来控制择伐，故在瑞士有多年的经营历史。生态采伐与更新体系在景观层面上遵循了美国生态系统经营中的景观配置的原则，在林分经营的层面上也是汲取了德国近自然森林经营的原则，目前正处于试验阶段（张会儒，2007）；结构化森林经营是在德国近自然森林经营方法基础上形成的，它量化和发展了德国近自然森林经营方法。结构化森林经营将培育健康稳定的森林置于优先地位，以系统结构决定系统功能法则为理论之基，以健康森林结构的普遍规律为范式，以空间结构优化为手段，依托可释性强的结构单元，在采伐木选择上既考虑定性原则也创造性地提出了进行林木格局、竞争、混交等量化调整方法，既注重个体活力更强调林分群体健康，已成为一种独特的、更具操作性的森林可持续经营方法，目前已在我国东北、西南、西北的不同森林类型区域展开经营实践和示范推广。

一种好的经营方法应当是技术上合理、生产上可行。合理就是合乎科学道理，可行就是既经济又可操作。当然，能否大力推广取决于国家的行动。众所周知，森林生态系统经营的思想尤其是景观配置原则普遍被世人接受，但缺乏可操作技术（唐守正，2006）。生态系统经营是一个复杂的动态过程，目前还没有经受大面积应用检验，缺乏有关的经营效果信息，对其存在的技术问题和实际效果还不清楚，管理成本较高（张会儒等，2007）。近自然经营的原则符合可持续的原则，但它的成功实施需要训练有素和富有实践经验的技术人员（哈茨费尔德，1997）。作为经营思想或原则看起来很容易被接受或掌握，其实如果缺乏量化指标和具体的操作方法就会"仁者见仁、智者见智"。可见，在其基础上量化指标或发展新的可操作技术是明智之举。

1.2 目的与意义

我国是一个森林资源短缺的国家,生态环境十分脆弱,水土流失严重,旱涝灾害频繁,风沙危害不断加剧,已成为世界上自然灾害最频繁的国家之一。为了从根本上扭转我国生态环境恶化的状况,缓解森林资源危机,维护生态平衡,充分发挥森林在陆地生态系统中的主体作用,我国相继启动了以改善生态环境、遏制水土流失、保护和扩大森林资源为主要目标的十大林业生态工程建设,特别是1998年启动实施的天然林资源保护工程,对我国的天然林资源休养生息和恢复发展,对生态环境的改善、保障国民经济和社会可持续发展起到了积极的影响,这对加速我国实现山川秀美的宏伟目标,维护国家生态安全,实现生态与经济协调发展具有重大意义。从可持续发展的观点来看,森林不仅需要保护,而且还需要培育和经营,不能简单地以禁伐代替保护,以禁伐代替经营,因此,运用和推广既能有效保护森林,又能对森林进行合理利用的经营方法,实现森林多种效益共同发挥是当前林业工作者的一项重要任务。

实现森林可持续经营的基础是拥有健康稳定的森林,唯有健康的森林,才有各种功能的正常发挥,因此,培育健康稳定的森林是现代森林经营的首要目的。系统的结构决定系统的功能。森林是复杂的生态系统,作为系统理所当然地遵循着结构决定功能这一系统法则。现代森林经营注重森林空间结构信息和非空间结构信息的整合,要求必须在表达数量特征的同时,表达出相应的林分空间结构特征,才能对林分整体作出较为完整的描述和判断。森林的空间结构是森林的重要特征,反映了森林群落内物种的空间关系,树木之间的竞争势及其空间生态位,在很大程度上决定了林分的稳定性、发展的可能性和经营空间大小。因此,培育健康稳定的森林生态系统,必须抓住结构决定功能这一主线,围绕经营目标,通过调整林木的空间格局、竞争状态以及林分组成使林分的结构尽可能地趋于合理,发挥最大的生态、经济和社会效益。

基于空间结构优化的森林经营即结构化森林经营是以原始或顶极森林群落为模板,恢复近自然的顶级群落空间结构,可从长远的角度解决森林资源可持续发展与利用之间的矛盾,切实有效地保护森林及林区环境,有助于加强森林的生态防护功能,促进生态与经济需求的有机结合,推动我国天然林经营由保守性经营向保护性经营的转变,推进人工林的近自然化改造和低质低效林改造进程,实现真正意义上的森林可持续经营;先进经营技术的应用,还将深刻改变林区居民对森林的认识,提高他们保护和培育森林的意识。该技术在广大林区的推广和应用，对于提高我国森林经营的技术水平，保护和发展我国天然林资源具有极其重要的战略意义。该方法在国家"十一五"科技支撑课题和国家林业局科技成果推广项目的支持下，在我国东北阔叶红松林区、西北小陇山林区和西南常绿阔叶混交林区开展了经营试验，并建立了大面积的经营示范与推广区，培训了一批基层林业技术人员，取得了良好的效果。为进一步推广结构化森林经营方法，更好地使基层生产部门及林业工作者了解和掌握结构化森林经营的理念、方法和技术，并应用该技术开展天然林经营、人工林近自然化改造以及低质低效林改造等森林经营活动，总结近年来在不同林区开展结构化森林经营实践经验，特将结构化森林经营技术和知识编辑成册，以期为我国森林可持续经营提供更多的参考和指导。

2 结构化森林经营的理念、目标和原则

2.1 经营理念

经济社会的发展对林业的需求出现了结构性的重大变化，保护生态环境、加强生态建设、维护生态安全等生态需求已成为社会经济发展对林业的主导需求。现代林业以可持续发展理论为指导、以生态环境建设为重点，林业的首要任务已由以经营用材林、生产木材等林产品为主向以生态建设为主、确保国土生态安全的方向转变，领域从传统的森林采伐和资源培育拓展到许多与生态环境建设有关的新兴领域。林业建设既要承担满足经济高速发展对林产品的需求，更要承担改善生态环境，促进人与自然和谐相处，重建生态文明发展道路，维护国土生态安全的重大历史使命。森林可持续发展是经济社会可持续发展的重要保障，是现代林业发展的必然选择。

实现森林可持续经营的基础是拥有健康稳定的森林，因此现代森林经营的首要经营目的是培育健康稳定的森林，发挥森林在维持生物多样性和保护生态环境方面的价值。在森林培育中要求遵循生态优先的原则，保证森林处于一种合理的状态之中，这个合理状态表现在合理的结构、功能和其他特征及其持续性上。结构化森林经营技术是以森林可持续经营理论为原则，以未经人为干扰或经过轻微干扰而已得到恢复的天然林的结构为模式，以培育健康稳定的森林

为目标，以优化林分空间结构为手段，坚持以树为本的经营理念，注重改善林分空间结构状况，师法自然，充分利用森林生态系统内部的自然生长发育规律，计划和设计各项经营活动。视经营中获得的林产品作为中间产物而不是经营目标，认为唯有创建或维护最佳的森林空间结构，才能获得健康稳定的森林。在采伐过程的控制方面，结构化森林经营只需技术人员按预定的经营原则和措施，事先对拟采伐林木进行标记，然后采取灵活多样的方式进行检查，从而变全程跟踪式控制为以事前控制为主，使林业部门及其技术人员能够更加自如地控制采伐的过程。

2.2　经营目标

目标是行动的指南，确立了目标就等于指明了前进的方向。结构化森林经营在总结国内外众多森林经营方法的基础上，以社会经济可持续发展的理论为指导，从现代森林经营的角度出发，灌输"培育为主、生态优先"的经营理念。它以人类生态安全为己任，从长计议，着眼未来，造福后代，摒弃急功近利。

结构化森林经营的顶极目标是培育健康稳定的森林，手段是创建最佳的森林空间结构。随着时代的进步和社会的发展，人类对森林的认识和需求不断发生变化，对森林的经营目的、经营思想和经营方式也因此不断发生变化。传统的森林经营基本上是以法正林思想为理论核心，以"木材永续利用"原则为指导，以收获调整和森林资源蓄积量的管理为技术保障体系，以木材和林产品的永续、均衡收获为经营目标，这种经营模式被称为周期林模式。在周期林模式的指导下，人们营建了大面积的、仅限于几个主要造林树种的人工同龄纯林，采伐方式以皆伐为主。实践表明，这种由单一树种构成的林分，景观空间异质性降低，而景观破碎化程度增加，极易成为森林火灾和病虫害暴发的发源地，自身的健康和稳定也存在极大隐患；经规则的几何配置后的单一树种林分，空间结构十分简单，质量不高，因此生态功能单一，森林综合效益低；皆伐容易造成地力衰退和水土流失等。在这一时期，为了获取木材，大面积的天然林被砍掉营建人工纯林，保留下来的天然林，要么被"拔大毛"径级择伐，成为残次林，要么被看作是各种小面积纯林的组合，人为分类后参照人工纯林的经营，以经济利益为重，追求木材的产出，天然林本身的空间结构和功能遭到极大破坏，相对稳定的生态系统也被打破。

随着人类社会的进步和科学技术的发展，人们对天然环保的生活用品和自然和谐的生态环境的需求与日俱增，人们逐渐认识到森林经营的目标不应仅仅是获得木材，而是健康和稳定的森林本身。这就要求现代森林经营应以森林的多功能发挥和多效益利用为主，特别是强调森林的生态效益，以可持续地经营健康稳定的森林为经营目标。

2.3 经营原则

任何经营模式都有自己本身的经营原则。如人工林经营中的适地适树原则，可持续木材生产中的采伐量低于生长量原则，近自然森林经营中的目标树单株利用原则，生态系统经营中的景观配置原则等。结构化森林经营原则是在众多森林可持续经营原则基础上形成的，其主要内容有以下几个方面。

2.3.1 以原始林为楷模的原则

尽量以同地段的原始林或顶极群落为模式。原始林是在不同的原生裸地上，经过内缘生态演替，逐步趋同，最后形成地带性（或区域性）过熟而稳定的森林植被，是未经人工培育、更新改造或人为破坏而仍保持自然状态的森林。联合国粮农组织（FAO）把原始林定义为：具有复杂的空间结构，林分中有天然的树种组成和分布，各树种的年龄幅度较宽且有死木和枯立木出现的森林。原始林是长期受当地气候条件的作用，逐渐演替而形成的最适合当地环境的植物群落，生物与生物之间，生物与环境之间达到了和谐的十分复杂的森林生态系统。原始林在年龄结构上通常呈异龄性，林中有不同生长发育阶段的群体，林内林木之间的空间关系复杂多样，高度共存共荣，高度协调发展；具有多层次的林层结构，上层为大径级树木构成的主林层，下层为中小径木组成的次生林层，林下还有幼苗幼树聚成的更新层；具有相应原始林的灌木与草本植物及多样的野生动物，是由丰富多彩的生物和环境组成的动态复合体；原始林中还常可见到上层有高大的枯立木，地面上有腐朽程度不同的粗大倒木与松软深厚的枯落物层。这些特征都是原始林在各种自然干扰下长期发展的结果，有着其自然的合理性，具有人工林所不可比拟的生态过程、系统稳定性和生态经济效益。

由于原始林多位于人迹罕至、交通不便的偏远山区，对于原始林的研究相对较困难。此外，由于人类对森林生态系统的干扰无时无刻不在，寻找没有人为干扰的森林生态系统难度较大，但就目前的认识水平来看，完全可以将未经人为干扰或经过轻微干扰已得到恢复的天然林结构特征或原始林、顶极群落的共性特征作为同地段现有森林的经营方向。原始林生态系统或顶极群落的共性特征主要表现在其组成与结构上。组成应以地带性植被的种类为主，结构特征主要表现在它的时空特征上，在空间上它具有水平结构上的随机性和垂直结构上的成层性，在时间上它具有世代交替性（图2-1、图2-2）。

图2-1 顶极群落

图2-2 墨西哥原始林

2.3.2 连续覆盖的原则

（1）尽量减少对森林的干扰，只在林分郁闭度不小于0.7的情况下才进行经营采伐，否则应对林分进行封育和补植。在对森林进行经营时，力求各项措施对森林的干扰应达到最小，保证林地处于连续的树冠覆盖下，避免土壤裸露，造成土壤养分和水分的流失，当林分郁闭度在0.7以下或林地是有较大面积的空地时，要进行封育或补植，以顶级树种或主要伴生树种为主要补植对象。

（2）禁止皆伐，达到目标直径的采用单株采伐（图 2 - 3）。经营作业采用单株抚育管理和择伐利用的原则，严格禁止皆伐；择伐作业体系虽然技术要求和作业成本相对较高，但培育的大径级林木，大大提高了木材经营的质量和森林的综合效益，相对于皆伐作业后进行采伐迹地更新改造时的育苗、整地、造林、幼林抚育管护等大量的投入来说，择伐作业总体上更加经济，且对于保持生物多样性、防止水土流失、维护森林环境和提供社会文化服务功能都具有重要的意义。

图 2 - 3 目标直径单株采伐

（3）保持林冠的连续覆盖，相邻大径木不能同时采伐，按树高一倍的原则确定下一株最近的相邻采伐木（图 2 - 4）。进行经营设计和作业时，为避免出现面积较大的林窗，造成土壤裸露，相邻大径木距离在一倍树高以内则只能采伐一株。

图 2 - 4 林冠连续覆盖

2.3.3   生态有益性的原则

（1）禁止采伐稀有或濒危树种，保护林分树种的多样性。

（2）以乡土树种为主，选用生态适宜种增加树种混交。

（3）保护并促进林分天然更新。

（4）各种经营措施（包括采伐、集材、道路建设、林地整理等）作业过程中要尽量保护林地土壤、更新幼树幼苗及其他生物类型。

2.3.4   针对顶极种和主要伴生种的中、大径木进行竞争调节的经营原则

大多数的天然林树种众多，关系错综复杂，想在所经营林分内保证所有林木都具有竞争优势是不可能的。因此，经营时以调节林分内顶极树种和主要伴生树种的中、大径木的空间结构为主，保持建群树种的生长优势并减少其竞争压力，促进建群树种的健康生长。

3 结构化森林经营操作指南

结构化森林经营建立在对现实林分状态特征充分了解和认识的基础之上。因此，通过哪些方面的信息反映林分状态特征，如何获得这些信息，怎样分析，经营方向如何确定，采用什么样的经营措施等问题是结构化森林经营方法的核心技术。结构化森林经营有一套包括数据调查分析方法、林分状态特征分析、林分经营类型划分、林分经营方向确定和结构调节技术等完整的经营设计体系，以下将结合实例逐一进行介绍。

3.1 数据调查

数据信息是一切科研生产的基础，森林经营方案的设计和编制必须基于现实林分的状态信息。面对现实林分，必须要进行林分的状态调查和分析，获得林分的基本信息后才能制订合理的经营方案。如何获得林分真实的状态信息，关键是调查内容和方法。结构化森林经营获得林分特征信息的方法灵活多样，可根据现实林分所处地段的地形特征以及调查目的、人力、物力等条件选择不同调查方法。主要方法包括大样地法、样方法和无样地法3种。

3.1.1 大样地法

对研究区林分进行集中试验研究或长期定位监测时采用大样地法。

（1）样地面积和数量：面积至少在 2500m² 以上（最小调查面积相关研究见附录 5）的固定大样地 1 个。

（2）调查内容：长期固定监测样地调查因子除包括传统森林调查如土壤状况、林分郁闭度、林下更新等外，还要对胸径大于 5cm 的林木进行每木编号定位，记录林木属性，如树种、胸径、树高、健康状况及相对水平位置坐标（x，y 坐标），以便计算非空间结构参数如公顷断面积、蓄积、直径分布以及空间结构参数如树种混交度、角尺度、大小比数、林层数等。

（3）调查工具：主要调查工具包括皮卷尺、围尺、测高仪、全站仪或罗盘仪。

（4）调查方法：林分常规因子调查方法与传统调查方法相同，幼苗更新调查采用小样方法，样方面积取 10m×10m，样方数量为 5 个以上，并用测绳标出边界。调查因子有更新乔木树种的种类、高度级、起源、生长状况和更新株数等（对于植物名称不确定的种类，应采集标本，拴上标签，写明样地号及标本编号）。

林木的相对位置可使用全站仪、罗盘仪进行定位，对于矩形样地也可以通过采用网格法用皮卷尺进行每木定位。3 种方法简介如下：

1）全站仪每木定位：采用先进的 TOPCON 电脑型全站仪可以替代手工测量、记录的方法。在全站仪中运行测量应用软件，采用激光反射原理自动测量并记录林分中林木位置，数据可直接传回计算机处理。定位时可同步输入该单木的其他相关信息如：树种、胸径、树高、冠幅等，操作十分简单。该仪器全面融合了测量技术与计算机技术，使测量内外业一体化；将该仪器应用于林业野外调查，改变了原始的手工测量方式，实现了林业调查数据的采集和处理自动化，提高数据准确度和工作效率，促进传统林业向现代林业转变。

全站仪每木定位主要包括以下步骤：①建立合适的坐标系，包括选择坐标原点和设定坐标轴方向。坐标原点应尽量选在视野开阔，地势平坦，可以尽量多地观察到待测树木的地点。在没有任何已知点的情况下第一个测站点就可以作为坐标原点，坐标原点与坐标轴方向即为样地的起点与方向。从该点出发确定一个合适的方向作为后视方向，即 N（X）轴，E（Y）轴将自动产生。可以通过输入该方向上的一个已知点坐标或直接给定后视角确定后视方向。②测出前视点坐标，以备在迁站时将其作为新的测站点。选择前视点的原则与选择测站点的原则相同（图 3-1）。③测量每棵树所在点的坐标，通过测站点和后视点的相对坐标计算各株树的位置坐标，并编号记录，同时输入该树的其他信息，如树种、胸径、健康状况等信息（图 3 - 2）。④迁站。即从一个测站点向另一个测站点的搬移。迁站时仪器要关机，仪器自动保存测量数据。新的测站点坐标应已知，迁站时选择前视点作为新的测站点，上一个测站点则为新的后视点。以后再迁站时，前一个测站点都将作为新后视点，新测站点的位置另行测量。

图 3 - 1　全站仪每木定位

图 3 - 2　林木标记

2）罗盘仪每木定位：对于圆形样地可采用极坐标测量。其方法是：以圆点中心为测点，以北向为基准，顺时针方向测定每株树的极角及到测点的距离（图 3 - 3）。

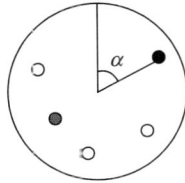

图 3 - 3 圆形标准地树木定位图测定方法示意

将测量结果记入表 3 - 1 中。由表 3 - 1 可以绘制出树木位置图并可进一步计算出各个树木的位置坐标，计算公式为：

$$x = l \times \sin\ (a \times \pi/180) \tag{3-1}$$

$$y = l \times \cos\ (a \times \pi/180) \tag{3-2}$$

任意两棵树之间的距离可用两点间距离公式计算，计算公式为：

$$d = \sqrt{(x_2 - x_1)^2 + (y_2 - y_1)^2} \tag{3-3}$$

表 3 - 1 极坐标法测量树木位置图记录表

样地号	树号	树种名	极角（°）	圆点到被测树距离（m）	胸径（cm）	树高（m）	备注

调查地点：　　　　　　　　调查人：　　　　　　　　调查日期：

3）皮卷尺每木定位：对于方形或矩形样地也可以利用三角形原理进行测量（也可以用极坐标测量）。具体方法是以样地的边线端点为出发点用皮尺或测距仪量测到每株树的距离（图 3 - 4）。测量记录载入树木位置测量表（表 3 - 2）。

被测树的 X、Y 坐标可通过下式计算：

$$X = \frac{A^2 + C^2 - B^2}{2C} \tag{3-4}$$

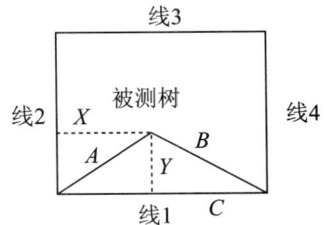

图 3 - 4 三角形原理测量示意

$$Y = \frac{1}{2C} \sqrt{2A^2C^2 + 2A^2B^2 + 2B^2C^2 - A^4 - B^4 - C^4} \tag{3-5}$$

此外，对于矩形标准地也可采用网格法。此法是将标准地用网格等分，并按顺序编号。然后，依次量测各网格内的树木距网边的垂直距离即可。

表3-2 树木位置测量记录表

样地号	树号	树种名	样地边线号	左端点到被测树距离	右端点到被测树距离	胸径（cm）	树高（m）	备注

调查地点：　　　　　　调查人：　　　　　　调查日期：

（5）注意事项

1）在设置样地时，必须设置在同一林分中，不能跨越河沟、林道和伐开的调查线等特殊地形，且应远离林缘，应划分出缓冲区。

2）调查中丛生林木的处理。具体的处理方法是：以林地地面为准，如果各林木基干已经明显分开，则视为孤立单株，与其他正常林木一样处理；如果各林木均出自同一个基干且基干高度在1.3m以上，那么，只量测基干的位置坐标，记载平均属性大小（基干粗度相差特别悬殊的小树干可忽略不计）。

3.1.2 样方法

样方法在群落学调查中应用的较多，其特点是首先用主观的方法选择群落地段，然后在其中设置小样方，方式有随机（或机械）地设置小样方、五点式、对角线式、棋盘式、平等线式以及"Z"形等；通过随机设置的相当多的小样方的调查结果，较精确地去估计这个群落地段，从而掌握该群落数量的特征。样方法在结构化森林经营林分特征调查中除传统的调查因子外，主要是增加了林分空间结构参数的调查。

（1）样方面积及数量：如表3-3所示，样方面积与数量关系相关研究参见附录6。

表3-3 样方面积与样方数量

	样方面积				
	10m×10m	15m×15m	20m×20m	25m×25m	30m×30m
样方数	36	25	12	9	4

（2）调查内容：除传统森林调查如土壤状况、林分郁闭度、林下更新等外，还要调查样方内胸径大于5cm林木的树种、胸径、树高、健康状况，空间结构参数，包括树种混交度、角尺度、大小比数、林层数等。

（3）调查工具：主要调查工具包括皮卷尺、围尺、测高仪、激光判角器。

（4）调查方法：将样方内所有胸径大于5cm的林木作为参照树，记录林木属性，如树种、胸径、树高、健康状况等，并运用激光判角器作为辅助工具，调查该株树与其最近4株相邻木组成的结构单元的结构参数（图3-5）。幼树幼苗更新调查根据所设置的样方大小和数量来确定，调查方法同大样地法。

（5）激光判角器的使用方法：抽样调查或大样地调查时，如果没有林分每木坐标定位数据时，需要使用激光判角器（图3-6）作为辅助工具进行林木分布格局调查，即角尺度调查。

运用角尺度判断林木分布格局是通过统计结构单元中参照树的角尺度来进行的，即从参照树出发，任意两株最近株相邻木构成的小角小于标准角的个数占所考察的4个角的比例；将样地或样方内所有的大于起测直径的林木分别作为参照树，统计每

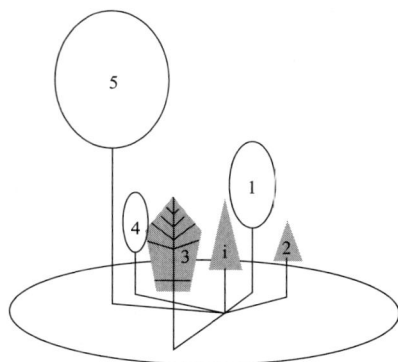

图3-5　参照树与相邻木组成的结构单元

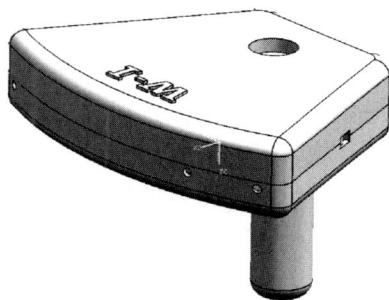

图3-6　激光判角器

株参照树的角尺度值，最后通过所有参照树的角尺度平均值来判断林木分布格局。激光判角器能够发射3个激光点，它们之间的夹角分别为72°和90°；72°用来判断两株最近相邻木与参照树构成的夹角与标准角的大小关系，90°则可用来在设置矩形样方和更新调查样方时判断样方边线的方向。在进行角尺度测量时，调查员手持判角器，使判角器72°光点方向的一条线与参照树及其1株最近相邻木的连线重合，判断参照树与其另1株最近相邻木构成的连线与判角器72°光点另一条光线的位置关系。如图3-7A中相邻木1、2与参照树构成的 α_{12} 小于72°，相邻木2、4和相邻木3、4与参照树构成的 α_{24} 和 α_{34} 也都小于72°，而相邻木1、3与参照树构成的 α_{13} 则大于72°，由此可知该参照树的角尺度为0.75。由于树干本身有粗度，为避免误判，调查员可以站在参照树旁边利用圆周角相等的原理判断 α 角与72°的关系（图3-7B）。

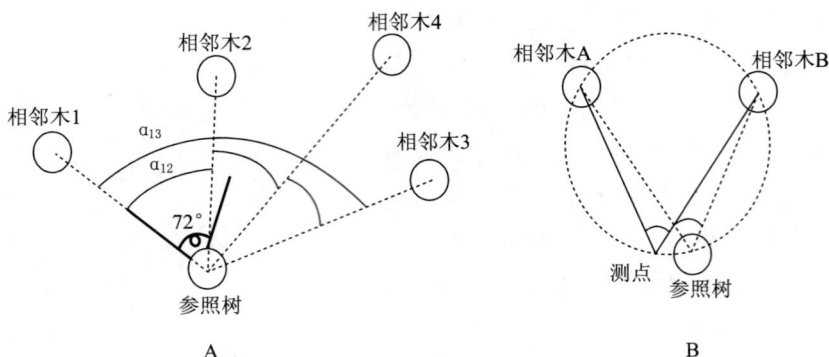

图 3-7 判角器工作原理（俯视）

3.1.3 无样地法

在进行林分状态调查时，并不是都需要设置固定典型样地进行长期监测，在大多数情况下，特别是对于一些地形条件较为复杂的研究区来说，设置典型大样地不可行，只能抽取一部分进行研究，即所谓的抽样调查。无样地抽样调查——点抽样与典型样地不同之处在于调查单位与面积无关，不需要测量样地面积，也不需要测量每棵树的位置坐标。

（1）抽样点数量：天然林抽样点数为 49 个以上，人工林结构较为简单，抽样点在 20 个以上（无样地抽样调查点数确定的相关研究参见附录 7）。

（2）调查内容：林分土壤状况、林分郁闭度、林下更新、抽样点最近 4 株胸径大于 5cm 林木的属性，包括树种、胸径、树高、健康状况及其与最近 4 株相邻木组成有结构单元的结构参数，包括树种混交度、角尺度、大小比数、林层数等。

（3）调查工具：主要调查工具包括皮尺、围尺、测高仪、激光判角器、角规

（4）调查方法：在林分中从一个随机点开始，在林分中走蛇形线路，每隔一定距离（以调查的参照树的最近 4 株相邻木不重复为原则）设立一个抽样点。以激光判角器作为辅助设备，调查距抽样点最近 4 株胸径大于 5cm 的单木的空间结构参数，包括角尺度、大小比数、混交度及其属性（树种名称、胸径大小），同时调查参照树与最近 4 株相邻树构成的结构单元的成层性和树种数（图3-8）。林分断面积调查可采用在抽样点绕测 360° 的方法进行调查，角规测点数随机选取 5 个以上。

表 3 – 4　抽样调查简表

抽样点号	参照树号	树种名	胸径(cm)	树高(m)	枝下高(m)	冠幅(m)	角尺度	混交度	大小比数	林层数	郁闭度	断面积	备注
1	1												
	2												
	3												
	4												
2	1												
	2												
	3												
	4												

表 3 – 5　幼苗更新调查表

日　期：＿＿＿＿＿　　调查人：＿＿＿＿＿

标准地号：＿＿＿＿＿

样方面积：＿＿＿＿＿　　样方个数：＿＿＿＿＿

样方号	树种名	实生苗					萌生苗				
		当年生苗	30cm以下	30~50cm	50cm以上	合计	当年生苗	30cm以下	30~50cm	50cm以上	合计

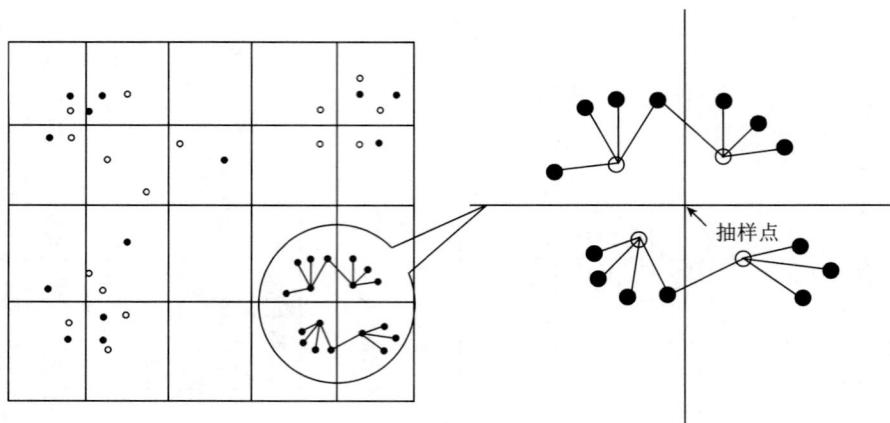

图 3-8 点抽样示意图

幼树幼苗更新调查采用随机设立小样方的方法，即在进行抽样点设置时，每隔一定的距离设置一个更新调查样方，样方大小为 10m×10m，样方数量为 5 个以上，并用测绳标出边界，调查因子有更新乔木树种的种类、高度级、起源、生长状况和更新株数等（对于植物名称不确定的种类，应采集标本，拴上标签，写明样地号及标本编号）。更新调查记录和点抽样调查记录表见表 3-4 和表 3-5。

3.2 数据分析

3.2.1 林分树种组成分析

树种组成是森林的重要林学特征之一，常作为划分森林类型的基本条件。对于森林群落来说，高等植物是群落的最重要组成者，能够反映该群落结构、生态、动态等基本特征，揭示群落的基本规律。森林群落的主要层片是乔木，而乔木层片中的优势树种是森林群落的重要建造者，在森林生态功能的发挥中也起着主导作用，也是开展森林经营的主体目标。因此，在分析经营区林分树种组成时以乔木树种为主要分析对象，通过分析构成各林分主要树种的数量特征，包括各树种的公顷株数、断面积、平均胸径、相对多度和相对显著度等数量指标，了解现有林的树种组成特征，并以此作为划分林分类型和调整树种组成的依据。作为示例，以下两个表分别给出了吉林蛟河林业实验局东大坡经营区样地（表 3-6）和贵州黎平高屯镇样地（表 3-7）两个林分的树种组成数量特征及分析。

表 3-6 吉林蛟河冰业实验局东大坡样地树种组成的数量特征

树 种	株数 (株/hm²)	相对多度 (%)	断面积 (m²/hm²)	相对显著度 (%)	胸径（cm）		
					最大	最小	平均
暴马丁香	62	6.39	0.301	1.03	12.0	5.1	7.9
白牛槭	154	15.88	2.016	6.89	32.8	5.0	12.9
白皮榆	96	9.90	1.733	5.92	42.0	5.0	15.2
稠 李	3	0.31	0.022	0.08	10.7	8.7	9.7
枫 桦	18	1.86	0.655	2.24	38.0	7.9	21.5
黄波罗	7	0.72	0.154	0.53	26.5	8.4	16.7
红 松	40	4.12	3.047	10.41	62.8	5.7	31.1
核桃楸	134	13.81	7.312	24.97	47.6	11.7	26.4
花 楸	1	0.10	0.002	0.01	5.6	5.6	5.6
椴 树	54	5.57	1.273	4.35	44.3	5.1	17.3
裂叶榆	66	6.80	0.812	2.77	38.0	5.0	12.5
蒙古栎	2	0.21	0.006	0.02	7.0	5.0	6.1
千金榆	41	4.23	0.298	1.02	26.5	5.3	9.6
青楷槭	5	0.52	0.027	0.09	9.6	6.0	8.2
色木槭	125	12.89	2.538	8.67	46.0	5.0	16.1
水曲柳	146	15.05	7.538	25.75	56.5	7.3	25.6
杉 松	14	1.44	1.493	5.10	79.2	5.8	36.8
棠 梨	1	0.10	0.004	0.01	7.0	7.0	7.0
杨 树	1	0.10	0.047	0.16	24.5	24.5	24.5

表 3-7 贵州黎平阔叶混交林样地树种组成的数量特征

树 种	株数 (株/hm²)	相对多度 (%)	断面积 (m²/hm²)	相对显著度 (%)	胸径（cm）		
					最大	最小	平均
青 冈	350	51.22	18.010	69.42	63.2	5.4	25.6
枫 树	70	10.24	2.141	8.25	29.8	6.4	19.7
冬 青	63	9.27	0.432	1.66	16.0	5.9	9.3
香 樟	50	7.32	2.265	8.73	48.5	8.9	24.0

（续）

树　种	株数 （株/hm²）	相对多度 （%）	断面积 （m²/hm²）	相对显著度 （%）	胸径（cm）		
					最大	最小	平均
漆　树	33	4.88	0.670	2.58	35.5	6.5	16.0
枔　木	17	2.44	0.075	0.29	8.8	5.9	7.6
桂　花	13	1.95	0.039	0.15	23.0	12.1	6.1
野樱桃	10	1.46	0.240	0.92	17.9	16.8	17.5
杉　木	10	1.46	0.898	3.46	35.6	25.1	33.8
泡　桐	10	1.46	0.225	0.87	23.0	12.1	16.9
檵　木	10	1.46	0.068	0.26	11.4	7.9	9.3

吉林蛟河林业局地处阔叶红松林区，植被类型属于温带针阔混交林区域——温带针阔混交林地带——长白山地红松杉松针阔混交林区，主要植物属于长白植物区系。阔叶红松林由多种针叶树种和阔叶树种组成，其中，顶极树种主要包括红松、杉松、鱼鳞云杉和臭冷杉，这些树种是阔叶红松林顶极群落中长期稳定存在的树种，也是阔叶红松林的主要树种，它们中红松、杉松和鱼鳞云杉均为高大的乔木，一般高度可达 25～30m，臭冷杉的高度稍低，一般为15～25m，这几个树种的单位面积蓄积量较高。伴生树种组主要包括水曲柳、黄波罗、核桃楸、色木槭、千金榆、白牛槭、青楷槭、裂叶榆、白皮榆、椴树等，这些树种与顶极树种之间保持着密切的共生互利关系，也是阔叶红松林顶极群落中不可缺少的伴生种。其中，椴树为高大乔木，是该地区重要的用材树种；其他几个树种为中、小乔木，经济价值不高，但对于维持阔叶红松林群落的稳定和树种多样性具有重要的意义。东北阔叶红松林区珍贵的三大阔叶树种水曲柳、黄波罗、核桃楸，材质坚硬，色泽美观，为优良材中的上品，是重要的经济树木，在东北林区一直享有"三大硬阔"的美称。

从表 3-6 可以看出，该样地内的 19 个乔木树种中，白牛槭、核桃楸、色木槭、水曲柳 4 个树种的相对多度达到 10% 以上，而它们的相对显著度则分别为 6.89%、24.97%、8.67% 和 25.75%，核桃楸和水曲柳无论是从相对多度还是从相对显著度上来说都是占有绝对的优势，白牛槭和色木槭主要以中、小胸径个体居多；林分中稠李、黄波罗、花楸、蒙古栎、青楷槭、棠梨和杨树的相对多度在 1% 以下，相对显著度也非常地小；顶极树种红松的相对多度为 4.12%，但其相对显著度达到了 10.41%，在林分中处于优势地位；从各树种的平均胸径来看，杉松、红松、水曲柳和核桃楸的平均胸径都在 25cm 以上，分别达到了 36.8cm、31.1cm、25.6cm 和 26.4cm，杨树和枫桦的平均胸径分别达到了 24.5cm 和 21.5cm，但这两个树种的株数和断面积的比例却很小；该群落的树种组成特征按照传统林分类型划分的方法在当地被称为水核林。

贵州省黔东南州物种资源丰富，植物种类繁多，既分布有热带、亚热带区系植被，又有暖温带和温带区系植被，已成为多种植物区系成分交叉荟萃的场所。黎平县是黔东南州的林业大县，该地区的原始森林植被为典型的常绿阔叶混交林，但由于长期以来的垦殖和破坏，这种原生型的常绿阔叶林已不多见，仅存于边远偏僻而人迹罕至的山岭上部或陡峭湿润的沟谷之中。常绿阔叶混交林中优势树种比较明显，多以壳斗科的栎属、栲属、柯属树种形成建群种，樟科的樟属、润楠属、楠木属，木兰科的木莲属、含笑属，山茶科的木荷属树种为森林的主要成分。常绿阔叶林破坏后的次生植被具有较多酸性土壤的指示植物，如马尾松、杨梅、白栎、油茶、芒萁等。

由表 3-7 可以看出，在该样地中，青冈在数量上和显著程度上占有优势，其相对多度为 51.22%，总断面积为 18.01m²/hm²，占林分总断面积的 69.42%；青冈的平均胸径达到了 25.6cm，林分中不仅有刚好达到起测胸径的小树，也有年龄较长的大树，其最大胸径达到了 63.2cm。枫树和冬青在数量上相差不多，但枫树的断面积为 2.141m²/hm²，相对显著度为 8.25%，而冬青的断面积只有 0.432m²/hm²，相对显著度仅为 1.66%；从林木个体的胸径来看，枫树的平均胸径为 19.7cm，远大于冬青的平均胸径；林分中香樟的株数排在了第四位，其相对多度为 7.32%，但香樟的总断面积和相对显著度分别为 2.265m²/hm² 和 8.73%，仅次于青冈，香樟的最大胸径为 48.5cm，平均胸径也达到了 24cm；杉木和漆树在林分中株数较少，但这两个树种的相对显著度并不低，树种的胸径较大，杉木的平均胸径在所有树种是最大的，达到了 33.8cm；林分中其余树种的株数和断面积都比较小，相对的显著度都没有超过 1%。该林分为典型的以青冈为主要组成树种的常绿阔叶混交林。

3.2.2 林分直径分布

在林分内不同直径大小林木的分布状态，称为林分直径结构。林分直径结构是最重要、最基本的林分结构。林分直径结构反映了各径级林木的株数分布，其规律性很早就受到林学家们的关注，直径的变化规律可作为制定、检查经营技术措施的依据之一。关于直径分布的研究，大体上可分为两个阶段，即静态拟合阶段和动态预测阶段。在林分直径中，又以研究同龄纯林的直径结构规律及其在营林技术中的作用为基础。不同类型同龄纯林的直径分布的具体形状略有不同，但其直径结构都是形成一条以林分算术平均直径为峰点、中等大小的林木株数占多数、向其两端径阶的林木株数减少的单峰左右对称的山状曲线，近似于正态分布曲线。林学家们对同龄林的直径结构进行了大量的研究，并运用正态分布函数进行拟合、描述同龄林的直径分布。复层异龄混交林的直径结构规律较为复杂，与同龄林有着明显的不同，常见的是小径阶的林木株数量多，随着径阶的增大，林木株数减少，即株数按径阶的分布呈倒"J"形，株数按径级依常量 q 值递减；Liocourt 认为理想的异龄林株数按径级常量 q 值在 1.2 ~ 1.5 之间，也有研究认为，q 值在 1.3 ~ 1.7 之间；但是由于异龄林的直径结构规律受林分自身演替过程、树种组成、树种特性、立地条件、更新过程以及经营措施、自然灾害等的影响，直径结构分布曲线类型多样而复杂。直径分布曲线的拟合方法较多，常用的有正态分布，Weibull 分布、负指数分布函数等。

起测直径不仅对直径分布有影响，而且对林木分布格局的判定有重要影响。对于森林经营而言，经营调整对象多以中、大径木为主，较小径阶林木可作为森林更新幼树来考虑，因此，参照我国国家森林资源清查的相关规定，结构化森林经营方法中分析直径分布以胸径 5.0cm 及以上的乔木为对象，5cm 以下的林木则作为更新来分析。

下面以吉林蛟河红松阔叶林 52 林班和 54 林班 2 块样地和贵州常绿阔叶混交林 2 块样地为例来说明林分直径分布分析方法。

以 5cm 为起测径，以 2cm 为径阶步长对吉林蛟河林业实验局东大坡经营区内的 52 林班和 54 林班 2 块阔叶红松林样地内所有胸径大于 5cm 林木的直径分布结构进行了分析（见图 3 - 9 和图 3 - 10）。52 林班样地林木直径分布的范围较广，最大达到了 80cm；胸径在 5 ~ 18cm 的林木株数占样地总株数的 72.2%，其中，胸径为 5 ~ 9cm 的个体株数占这个区间的 53%，占样地总株数的 38.3%，说明样地内小径阶的林木占相当大的比重；随着径阶的增大，林木株数急剧减少，当胸径达到 22cm 后，各径阶林木株数分布变化开始变的平缓；林分内胸径介于 18 ~ 34cm 的林木株数占样地林木总株数的比例为 20.1%，胸径大于 34cm 的林木占样地总株数的比例为 7.7%，直径分布在 64 ~ 78cm 处出现林木分布缺失的现象；运用负指数函数对样地的直径分布进行拟合，拟合方程为 $y = 558.002e^{-0.1289x}$（$R^2 = 0.994$），样地林木直径分布的 q 均值为 1.294，落在了 1.2 ~ 1.7 之间，株数分布合理。54 林班样地的天然阔叶红松林直径分布范围也较广，最大直径林木达到了 80cm 以上，5 ~ 18cm 的林木株数占林分总株数的 59.2%，18 ~ 34cm 的林木株数占样地林木总株数的比例为 26.7%；该样地各径阶林木株数分布总体上也表现出随着径阶增大林木株数减少的趋势，从径阶 8cm 到 14cm 时林木株数急剧下降，但在 14cm 后，各径阶林木株数减少的幅度总体上变化较为平缓，但在个别径阶林木株数还出现了小幅的上升，然后下降

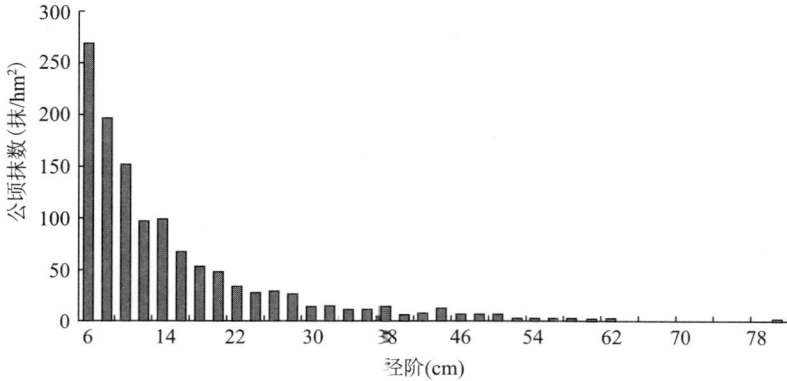

图 3 – 9 52 林班样地直径分布图

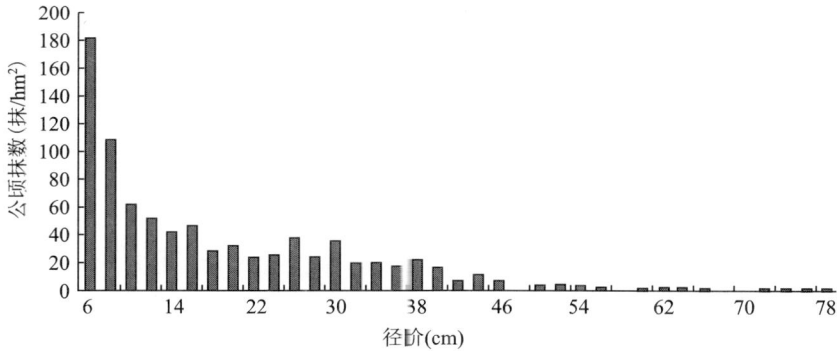

图 3 – 10 54 林班样地直径分布图

的趋势，例如在径阶为 16cm、18cm、24cm、30cm 和或 38cm 时，这可能是由于过去不合理的采伐利用或人为破坏造成的；运用负指数函数也能对该样地林木直径分布进行拟合，拟合方程为 $y = 319.48le^{-0.1252x}$，R^2 为 0.937；该样地的 q 均值为 1.285，落在异龄林合理株数分布的范围内。以上分析表明，在 2 块样地中，林分直径分布在个别径阶均出现小幅上升然后下降的现象和在一些径阶上有林木分布缺失的现象，这可能是由于在过去择伐利用或盗伐，伐除了一些径级较大的林木而保留了个别较大的，成为林分中的"霸王树"。

图 3 – 11 为贵州黎平 2 个常绿阔叶混交林样地的直径分布情况。由图可以看出，常绿阔叶混交林 A 样地和 B 样地的直径分布的幅度较广，A 样地最大径阶为 62cm，B 样地最大径阶为 90cm，总体上均表现为多峰山状的分布特征。在 A 样地中，直径分布的峰值较多，第一个峰值出现在 6 ~ 10cm 之间，其株数比例较高，总计占林分总株数的 30.7%，其中，径阶为 8cm 时林木株数比例最高，达到了 14.1%；第二个峰值出现在 10 ~ 14cm 之间，径阶为 12cm 的比例为

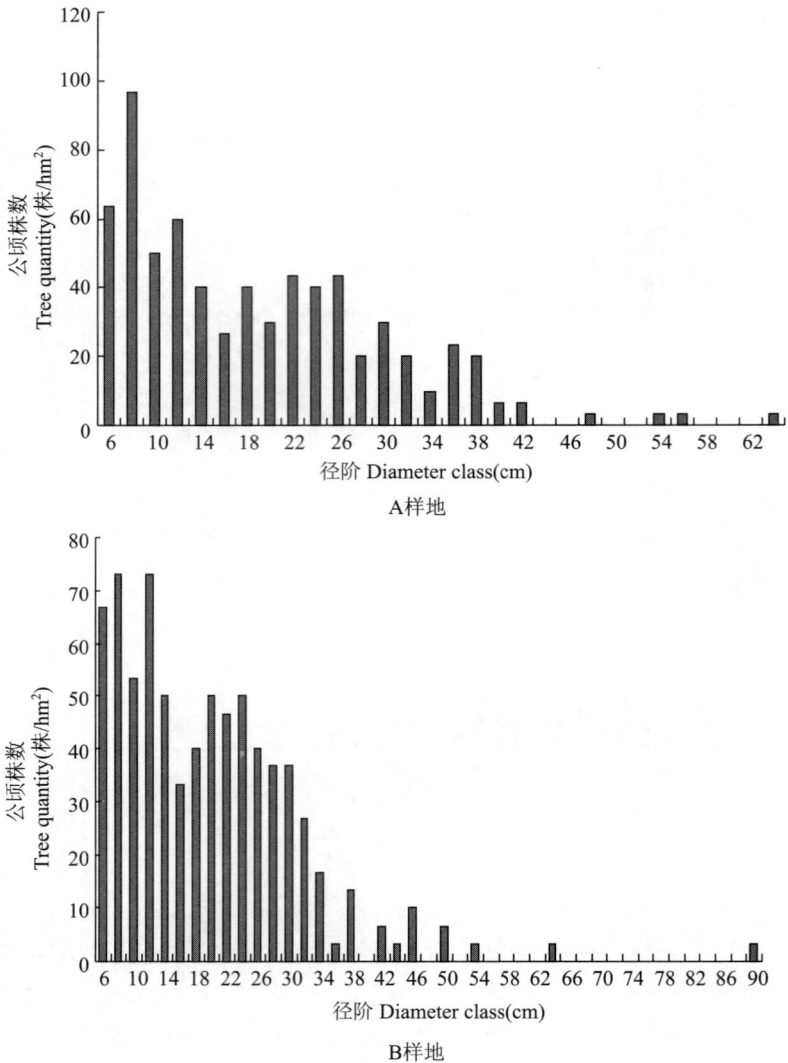

图 3 - 11 　常绿阔叶混交林样地直径分布图

8.8%；第三个峰值在径阶为 18cm 时，其株数比例为 5.9%；在 20 ~ 28cm 间，径阶为 22cm、24cm 和 26cm 的比例相差不大，分别为 6.3%、5.9% 和 6.3%，而 22cm 与 28cm 的比例较小，分别为 4.4% 和 2.9%；在径阶为 30cm 和 36cm 株数比例也相对高于其相邻径阶的比例；林分的直径分布在径阶为 44 ~ 46cm、50 ~ 52cm 和 58 ~ 62cm 林木分布缺失；运用负指数函数对该林分的直径分布进行拟合，拟合方程为 $y = 107.474e^{-0.0555x}$，R^2 为 0.915，其 q 值为 1.117，没有落在 ［1.2，1.7］

之间，直径分布不合理。在常绿阔叶混交林 B 样地中，林分直径分布的峰值相对集中，在径阶为 6～16cm 之间，林木株数比例较高，占总株数的 46.9%，其中，径阶为 8cm 和 12cm 的株数比例较高，均为 9.8%；在 18～34cm 之间，峰值出现在 20～24cm，这 3 个径阶林木株数的比例分别为 6.7%、6.2% 和 6.7%，林分中径阶大于 36cm 的株数比例较小，总计为 7.1%，其中，在径阶 40cm、48cm、56～62cm 以及 66～88cm 没有林木分布，而在径阶为 90cm 时，有一定的株数分布；运用负指数方程对林分直径分布进行拟合，方程为 $y = 106.533e^{-0.0508x}$，R^2 为 0.941，其 q 值为 1.107，直径分布也不属于合理的异龄林直径分布特征，不合理的择伐和人为破坏可能是造成直径分布不合理的主要原因。

3.2.3　林分树种多样性及林分更新

生态系统功能取决于生态系统的结构、生物多样性和整合性。目前生物多样性已成为全球生态学研究的热点问题，而生物资源则是生物多样性的物质体现。生物多样性是生态系统生产力的核心（赵士洞等，1997），也是一个群落结构和功能复杂性的度量（谢晋阳等，1994）。生物多样性表现在 3 个层面，即遗传多样性、物种多样性和生态系统多样性。生物群落是在一定地理区域内，生活在同一环境下的不同种群的集合体，其内部存在着极为复杂的相互关系。群落多样性就是指群落在组成、结构、功能和动态方面表现出的丰富多彩的差异，其中群落在组成和结构上表现出的多样性是认识群落的组织水平，甚至功能状态的基础，也是生物多样性研究中至关重要的方面（马克平，1993，1994，1995；史作民等，2002）。群落物种多样性（往往指植物种的多样性）作为生态系统多样性最直接和最易于观察研究的一个层次，一直受到重视（贺金生等，1998）。物种多样性是一个群落结构和功能复杂性的度量，它不仅可以反映群落或生境中物种的丰富度、均匀度和时空变化，表征群落和生态系统的特征及其变化演替的规律，也可反映不同的自然地理条件及人为因素与群落的相互关系（马晓勇等，2004）。研究植物群落的物种多样性，能更好地认识群落的组成、结构、功能、演替规律和群落的稳定性。维持物种多样性已成为森林经营研究的一个主要内容（Hurlbert，1971；雷相东等，2000）。

综合大多数学者的分析方法，以乔木层树种的个体数为基础，选择反映物种丰富程度的 Margalef 丰富度指数、反映多样性程度的 Shannon - Wiener 多样性指数、反映优势树种集中性的 Simpson 优势度指数和反映各物种个体数目在群落中分配的均匀程度的 Pielou 均匀度指数，来体现研究林分的树种多样性和各树种在林分中的分配状况。

森林更新是一个重要的生态学过程，一直是生态系统研究中的主要领域之一。森林更新状况的好坏是关系到森林可持续发展与生态系统稳定的一个关键因素，同时也是衡量一种森林经营方式好坏的重要标志之一。不同的森林类型有着不同的更新规律，不同的树种从结实开始，到幼苗幼树成长建立为止也有自己特定的更新特点，这是森林群落长期自然选择的结果。林木的更新过程是形成林分结构动态的基础，影响着森林群落的结构和演替，研究林木更新的重要意义在于可以揭露林分中各种林木更新的规律性和它们与立地条件、干扰事件以及各种人为经营措施的关系，是我们制定不同树种经营措施，特别是确定它们主伐方式和更新方式的基础（徐化成，2004）。

3.2.4 林分各树种优势度分析

物种的竞争与共存一直是生态学研究的核心问题，群落结构的组建、生产力的形成、系统的稳定性以及群落物种多样性的维持等都与这一问题密切相关（汤孟平，2003）。一般认为，植物之间的竞争是生物间相互作用的一个重要方面，是指两个或多个植物体对同一环境资源和能量的争夺中所发生的相互作用（张思玉等，2001）。竞争导致了植物个体生长发育上的差异。竞争指数在形式上反映的是树木个体生长与生存空间的关系，但其实质是反映树木对环境资源需求与现实生境中树木对环境资源占有量之间的关系（马建路等，1994）。竞争指数反映林木所承受的竞争压力，取决于：① 林木本身的状态（如胸径、树高、冠幅等）；② 林木所处的局部环境（邻近树木的状态）（唐守正等，1993）。

结构化森林经营方法在进行树种竞争关系调节时主要针对顶极树种和主要伴生树种，将不断提高顶极树种的竞争态势，减少其竞争压力视为己任。通过分析树种优势度，充分考虑各树种间的竞争关系，从而在制定经营措施时有所侧重，提高顶极树种及主要伴生树种或乡土树种的优势程度，加速林分进展演替，促进森林向健康稳定状态发展。

传统的表达树种优势度的指标为重要值，重要值可以用某个种的相对多度、相对显著度和相对频度的平均值表示，重要值越大的树种，在群落结构中就越重要。相对显著度反映的是种在群落中的数量对比关系，没有体现该种的空间状态。树种在空间上某一测度（如直径、树冠、树高等）的优势程度可用树种大小比数来衡量，它能够反映了种的全部个体的空间状态。这里我们在评价树种的优势度时用相对显著度和树种大小比数结合来表达（惠刚盈等，2007）。

下面以吉林蛟河阔叶红松林样地为例来说明运用大小比数与相对显著度相结合进行树种优势度分析的方法。

在表3-6中列出了蛟河林业实验局东大坡经营区内红松阔叶林样地树种组成的数量特征，表3-8列出了样地内所有树种的的大小比数均值及其频率分布情况。

表3－8　红松阔叶林样地各树种大小比数分布频率及均值

树　种	大小比数					平　均
	0	0.25	0.5	0.75	1	
暴马丁香	0.000	0.109	0.218	0.364	0.309	0.718
白牛槭	0.041	0.122	0.244	0.309	0.285	0.669
白皮榆	0.092	0.158	0.237	0.224	0.289	0.615
稠　李	0.000	0.333	0.333	0.000	0.333	0.583
枫　桦	0.429	0.214	0.214	0.000	0.143	0.304
黄波罗	0.286	0.286	0.143	0.143	0.143	0.393
红　松	0.500	0.077	0.115	0.115	0.192	0.356
核桃楸	0.517	0.331	0.119	0.025	0.008	0.169
花　楸	0.000	0.000	0.000	0.000	1.000	1.000
椴　树	0.100	0.350	0.350	0.125	0.075	0.431
裂叶榆	0.140	0.080	0.100	0.340	0.340	0.665
蒙古栎	0.000	0.000	0.000	0.500	0.500	0.875
千金榆	0.061	0.030	0.242	0.455	0.212	0.682
青楷槭	0.000	0.000	0.000	0.400	0.600	0.900
色木槭	0.087	0.154	0.231	0.221	0.308	0.627
水曲柳	0.321	0.286	0.205	0.143	0.045	0.326
杉　松	0.231	0.308	0.154	0.231	0.077	0.404
棠　梨	－	－	－	－	－	－
杨　树	1.000	0.000	0.000	0.000	0.000	0.000

　　由表3－8可以看出，在该样地中杨树、核桃楸的平均大小比数小于0.25，分别为0和0.169，说明在以这两个树种为参照树的结构单元中，相邻木的胸径较这两个树种小，总体上它们处于绝对优势的状态，杨树所有林木均处于绝对优势的状态，核桃楸处于绝对优势和优势的个体比例总计达到了84.8%，处于绝对劣势和劣势的比例总计只有3.3%；枫桦、水曲柳、红松、黄波罗、杉松和椴树的平均大小比数大于0.25而小于0.5，变动在0.3～0.45之间，在以上述各树种为参照树的结构单元中，它们处于从优势向中庸过渡的状态，各树种处于绝对优势和优势的个体比例总和均达到了45%以上，而处于劣势和绝对劣势的比例之和均在20%以下；稠李、白皮榆、色木槭、裂叶榆、白牛槭、千金榆和暴马丁香等树种的平均大小比数均介于0.5～0.75之间，林木个体大小比数分布在0.5和0.75的比例较高，除稠李为33.3%外，其他树种都达到了

45%以上，各树种在林分中总体上表现为中庸向劣势过渡的状态；蒙古栎、青楷械和花楸在林分中总体上表现为劣态，平均大小比数分别为0.875、0.9和1，林木个体处于绝对劣势的比例都在50%以上。以上分析表明，样地中，杨树、核桃楸、枫桦、红松等树种在空间结构单元中具有一定的优势，而暴马丁香，蒙古栎、青楷械、花楸则处于劣势，为被压木。

从表3-6和表3-8的分析可以看出，就树种组成的数量特征而言，林分中核桃楸、水曲柳、红松均为优势树种，即这几个树种的相对显著度在林分中较大；在结构单元中，杨树、枫桦、核桃楸、水曲柳、红松等树种的平均大小比数较小，这几个树种在结构单元中为优势树种。将各树种的相对显著度与平均大小比数相结合，可以看到各树种的在林分中的优势程度（表3-9）。

表3-9 红松阔叶林样地各树种优势度

树 种	相对显著度 D_g（%）	平均大小比数 $\overline{U}_{sp}$	树种优势度 D_{sp}
暴马丁香	1.03	0.718	0.054
白牛械	6.89	0.669	0.151
白皮榆	5.92	0.615	0.151
稠 李	0.08	0.583	0.018
枫 桦	2.24	0.304	0.125
黄波萝	0.53	0.393	0.057
红 松	10.41	0.356	0.259
核桃楸	24.97	0.169	0.456
花 楸	0.01	1.000	0.000
椴 树	4.35	0.431	0.157
裂叶榆	2.77	0.665	0.096
蒙古栎	0.02	0.875	0.005
千金榆	1.02	0.682	0.057
青楷械	0.09	0.900	0.009
色木械	8.67	0.627	0.180
水曲柳	25.75	0.326	0.417
杉 松	5.10	0.404	0.174
棠 梨	0.01	–	–
杨 树	0.16	0.000	0.040

表 3 - 9 表明，52 林班样地中，树种优势程度最高的为核桃楸，其次为水曲柳，但从相对显著度来看，水曲柳较核桃楸的相对显著度大，由此可以说明，林分中水曲柳的株数较多，但个体胸径相对于核桃楸来说较小，核桃楸在林分中较水曲柳更具有竞争优势。顶极树种红松的优势程度为 0.259，排在了核桃楸和水曲柳之后，主要原因是林分中的红松数量较少且个体较小，因此，在提高红松的竞争优势时可从这两个方面考虑，一是提高红松在林分中的比例，可通过补植、补造、人工促进天然更新等方式提高红松的数量；二是减小红松在结构单元中的竞争压力，使红松由被压木解放为优势木；主要手段是调整红松的大小比数，通过伐除红松周边的大树，为红松生长提供足够的空间，当然，这里调整时还要综合考虑林木的分布格局、混交等情况。值得注意的是，林分中杨树、枫桦在结构单元中为优势木，但从林分中所有树种总体情况来看，这两个树种的优势度较低；由于杨树、枫桦为先锋树种，随着演替进展将逐步退出群落，因此，在经营时，可通过人为措施将林分中这两树种的较大个体提前伐除，这样既可以提供一定数量的木材，还可以减小了相邻林木的竞争压力。

3.2.5 林分空间结构分析方法

林分空间结构从以下 3 个方面加以描述：①林木个体在水平方向上的分布形式，或者说树种的空间分布格局，用角尺度来分析；②树种的空间隔离程度，或者说林分树种组成和空间配置情况，即混交程度；③林木个体大小分化程度，或者说树种的生长优势程度，用大小比数来表达。这 3 个空间结构参数的定义及生物意义已有很多文献及专著介绍，不再赘述。这里介绍不同调查方法获得的数据的计算分析方法。

对于具有每木定位数据样地的林分空间结构分析可直接运用空间结构分析程序 Winkelmass 计算样地内林木的空间结构参数——角尺度、混交度及大小比数。将样地树木株数、大小及每株树木的坐标 (x, y)、胸径及树种编号按图 3 - 12 的记事本文件格式组织生成 Winkelmass 原始文件，然后在 Winkelmass 程序中打开原始文件，程序自动计算分析每株林木的角尺度、大小比数、混交度，筛选出每株林木的最近 4 株相邻木，并计算出每株林木与最近 4 株相邻间的距离、角度。Winkelmass 程序在最后部分计算出林分总体的分布格局、平均大小比数及混交度，并将参与计算的林木进行统计（落入核心区内的林木），包括角尺度、大小比数和混交度在各值的分布情况。在计算空间结构参数时，为避免边缘效应，要设置缓冲区，其大小根据样地的大小情况来设置，一般将样地内距每条林分边线 5m 之内的环形区设为缓冲区，其中的标记林木只作为相邻木，缓冲区环绕的区域为核心区，其中所有的标记单木作为参照树，统计各项指数。Winkelmass 程序能够统计核心区内的林木株数，并产生各林木在林分中的分布图（图 3 - 13）。对于没有每木定位的样地和抽样调查林分的结构参数运用 EXCEL 和相关统计分析软件分析计算，其原理与分析程序 Winkelmass 一致，是通过统计参照树各结构参数值的频率分布，计算其平均值来分析林分的空间结构特征。

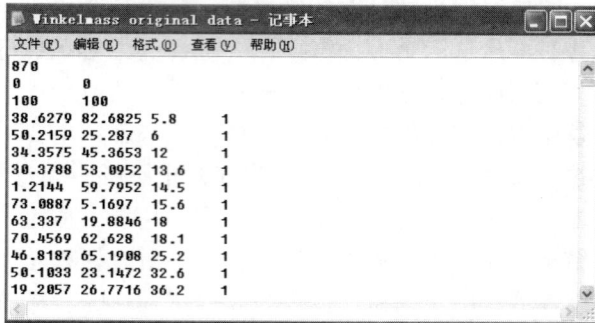

图 3 - 12　Winkelmass 原始数据记事本文件格式

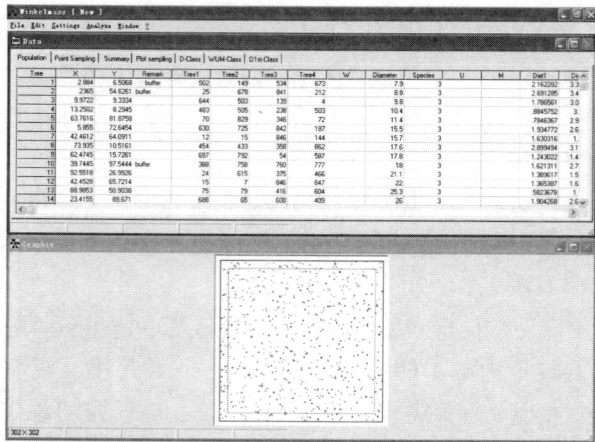

图 3 - 13　Winkelmass 程序界面

　　下面以 1 个大样地调查数据和 1 个无样地抽样调查数据为例来说明空间结构分析方法。

3.2.5.1　典型样地全面调查数据分析方法

　　大样地调查数据来自吉林蛟河实验区东林坡经营区的 1 块 100m × 100m 的方形样地，用全站仪对样地中胸径大于 5cm 的林木定位，获得定位坐标，并对林木的属性进行调查。将每株林木的坐标、树种、胸径等信息组织生成文本文

件，在 Winkelmass 程序中打开，程序自动运行计算林分的空间结构特征，结果
如图 3 - 14。

<table>
<tr><td colspan="14">文件　编辑　设置　重建　经营分析　窗口　帮助</td></tr>
<tr><td colspan="14">📖 Data</td></tr>
<tr><td colspan="14">全面调查数据 | 点抽样数据 | 数据摘要 | 标准地抽样 | 胸径分布 | 结构参数分布 | 距离分布 | SVS数据 | 生长数据</td></tr>
</table>

Tree	Remark	Tree1	Tree2	Tree3	Tree4	W	Diameter	Species	U	M	Dist1	Dist2	Dist3	Dis
967	buffer	966	612	348	941	1	31.1	19	0	.5	833936E-03	1.922252	2.172522	3.3
968	buffer	11	886	636	785	.5	31.4	19	0	1	4.609397	5.209136	6.12509	6.2
969		739	162	188	142	.5	43.4	19	0	1	2.46059	3.473988	3.493108	3.6
970	buffer	728	366	648	42	.5	44.3	19	0	1	1.14493	2.10232	2.712766	4.5
Sum						392.5	12523.69		393.75	640.75	1112.572	1816.914	2369.239	27
N						783	783		783	783	783	783	783	
Mean						.50 2	15.9945		.5029	.8183	1.4209	2.3235	3.0258	3
S						.18 4	10.8494		.3523	.2098	.9683	.9959	.9471	
Max						1	79.2		1	1	4.7143	5.1558	5.7987	
Min						0	5		0	0	0	.014	.4738	
v%						36.78%	67.8323		70.0569	25.6395	68.144	42.9608	31.2995	26
V/X														

图 3 - 14　红松阔叶林样地空间结构计算结果

由图 3 - 14 可以看出，52 林班 1 hm^2 样地中胸径大于 5cm 的林木共有 970
株，其中，落在 5m 缓冲区内 187 株，核心区内 783 株，林分平均角尺度为
0.501，平均混交度为 0.818，平均大小比数为 0.503。进一步的分析可以在
EXCEL 表中进行。步骤如下：

（1）林木分布格局分析：图 3 - 15 为 52 林班样地中林木分布图和林木角尺
度频率分布图。

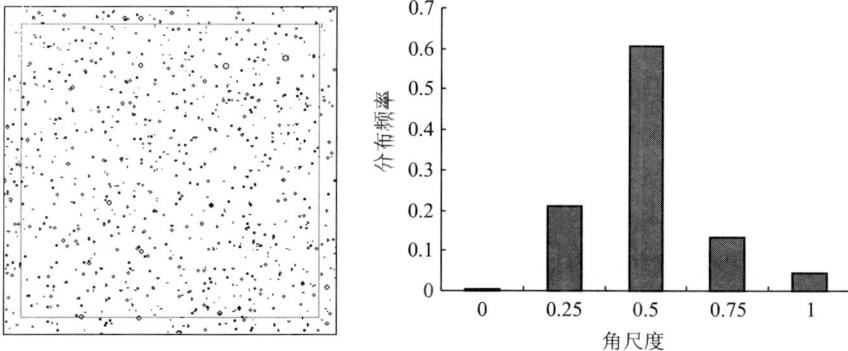

图 3 - 15　红松阔叶林样地林木分布格局及角尺度分布图

由图 3 - 15 可以看出，在该红松阔叶林样地样地中，落在核心区的林木株
数为 783 株，占样地林木总株数的 30.7%，其中，$W_i = 0.5$ 的单木比例达到
60.5%，说明样地中大多数林木的最近相邻木处于随机分布，周围树木均匀或
很均匀分布的林木（$W_i = 0$ 或 $W_i = 0.25$）比例分别为 21.2% 和 0.5%，样地内
只有 3 株树其最近 4 株相邻木构成的最小夹角均大于 72°，或者说呈极强团状分

布。样地林木角尺度分布频率左侧大于右侧，其角尺度的均值为 0.501，落在了［0.475，0.517］的范围之内，说明样地内林木整体分布格局属随机分布。

（2）树种隔离程度分析：图 3 – 16 为林分中林木与其最近 4 株相邻木构成的结构单元混交度分布图。由图可以看出，该红松阔叶林样地中林木个体与其最近 4 株相邻木构成的结构单元的混交度从 0 到 1 呈上升的趋势，样地中林木处于零度混交的比例都相当的低，比例仅为 0.6%，也就是说样地中的林木个体与其最近 4 株相邻木构成的结构单元中与参照树为同种的比例都很低；林木处于强度和极强度混交的比例较高，分别为 34.5% 和 48.3%；样地中处于弱度混交和中度混交的比例不是很高，总计为 16.6%。以上分析表明，林分中的林木与同种相邻的比例较低，大多数林木与其他树种相邻，也就是说，在参照树与 4 株最近相邻木构成的结构单元中，相邻木大多数与参照树不是同一个种。林分的平均混交度为 0.818，处于强度混交向极强度混交过渡的状态。运用修正的林分平均混交度计算该林分的树种隔离程度，其值为 0.601，可见林分的树种隔离程度较高，为典型的混交林。

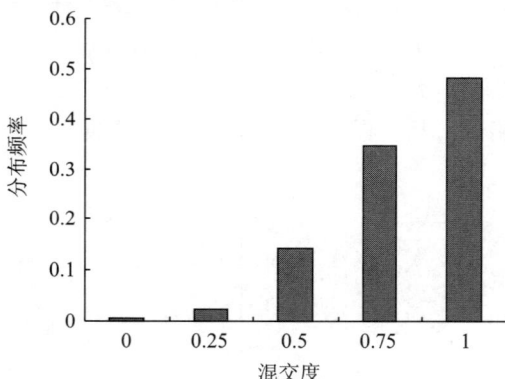

图 3 – 16　红松阔叶林样地样地混交度频率分布

为进一步了解林分中各树种的混交状况，还可以对林分中的各树种的混交度进行统计分析。表 3 – 10 展示了该样地中各树种的混交状况。

表 3 – 10　红松阔叶林样地各树种混交度分布频率及均值

树　种	混交度					平　均
	0	0.25	0.5	0.75	1	
暴马丁香	0.000	0.036	0.145	0.364	0.455	0.809
白牛槭	0.000	0.024	0.171	0.415	0.390	0.793
白皮榆	0.000	0.053	0.132	0.303	0.513	0.819

（续）

树　种	混交度					平　均
	0	0.25	0.5	0.75	1	
稠　李	0.000	0.000	0.000	0.000	1.000	1.000
枫　桦	0.000	0.000	0.214	0.071	0.714	0.875
黄波罗	0.000	0.000	0.000	0.571	0.429	0.857
红　松	0.000	0.000	0.038	0.462	0.500	0.865
核桃楸	0.000	0.025	0.119	0.356	0.500	0.833
花　楸	0.000	0.000	0.000	0.000	1.000	1.000
椴　树	0.000	0.000	0.000	0.400	0.600	0.900
裂叶榆	0.000	0.040	0.160	0.220	0.580	0.835
蒙古栎	0.000	0.000	0.000	0.000	1.000	1.000
千金榆	0.000	0.000	0.091	0.333	0.576	0.871
青楷槭	0.000	0.000	0.000	0.000	1.000	1.000
色木槭	0.010	0.010	0.183	0.298	0.500	0.817
水曲柳	0.036	0.036	0.214	0.402	0.313	0.730
杉　松	0.000	0.000	0.000	0.154	0.846	0.962
棠　梨	–	–	–	–	–	–
杨　树	0.000	0.000	0.000	0.000	1.000	1.000

　　表 3 – 10 表明，在该样地中林木大多数处于强度混交和极强度混交的状态，其中，顶极树种红松、杉松平均混交度分别为 0.865 和 0.962；样地中只有主要伴生树种色木槭、水曲柳出现零度混交，它们的比例分别为 1% 和 3.6%，处于弱度混交的比例也分别为 1% 和 3.6%；伴生树种中暴马丁香、白牛槭、白皮榆、椴树、裂叶榆等没有出现零度混交，处于弱度混交的比例也较低，只有白皮榆达到了 5.3%，其他树种则都低于 5%；从总体上来看，伴生树种的平均混交度大多处于强度混交向极强度混交过渡的状态；三大硬阔中，处于中度混交的比例也不是很高，只有水曲柳的比例达到了 21%，其平均混交度值为 0.73，处于强度混交的状态；黄波罗和核桃楸则都处于强度混交向极强度混交过渡的状态。先锋树种枫桦在林分中主要是以极强度混交和强度混交为主，其平均混交度分别为 1 和 0.88，枫桦处于中度混交的比例达到了 21%，这可能是由于枫桦萌蘖能力较强，在演替早期大多聚集而生，但经过长期的演替，种群即将退出群落，林分中只有少数枫桦聚集而生；杨树、稠李和花楸在林分中的数量极少，都与其他树种相伴而生，它们的混交度均为 1；

样地中虽然有棠梨这个树种，但它落在了缓冲区，所以计算结果中没有体现出这个树种的混交度。

（3）林木大小分化程度分析：林木的大小分化程度用大小比数来分析，图3–17是以胸径作为比较指标林分中各树种的平均大小比数。根据大小比数的定义，U^i 值越低，说明比参照树大的相邻木愈少。图3–17表明，在该林分中，杨树、核桃楸、枫桦、水曲柳相对于其他树种而言，在结构单元中的平均大小比数较小，也就是说，这几个树种总体上较其树种更具优势，但这里只是说明了在结构单元中的竞争态势，在林分中各树种的优势程度还需要通过平均大小比数与相对显著度相结合来评价，在林分优势度分析中已作探讨；结构单元中各树种的大小比数可用作调整顶极树种或主要伴生树种竞争关系的依据。

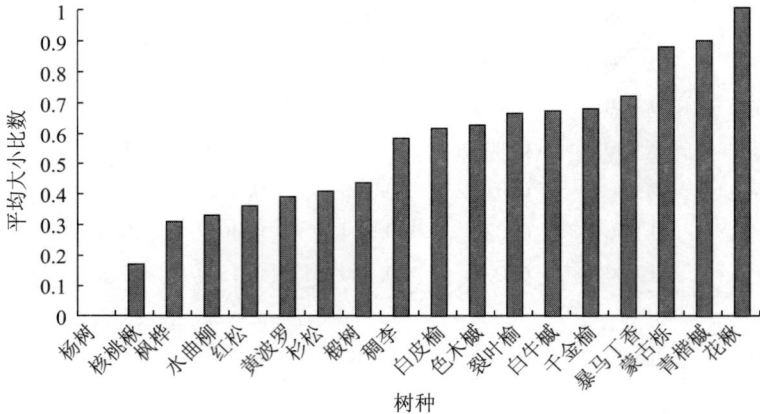

图 3 – 17   52 林班样地各树种平均大小比数

3.2.5.2   抽样调查数据分析方法

无样地抽样调查数据来自甘肃小陇山响潭沟锐齿栎天然林。首先对响潭沟林分进行抽样调查，调查内容包括郁闭度、断面积、坡度、林分平均高、树种、直径及其结构参数。树种、直径及空间结构参数调查采用点抽样的方法即从一个随机点开始，每隔一定距离（以调查的参照树的最近4株相邻木不重复为原则）设立一个抽样点，以激光判角器作为辅助设备，调查距抽样点最近4株胸径大于5cm树的树种和胸径，以及角尺度、大小比数和混交度等空间结构参数，同时调查参照树与相邻树构成的结构单元的成层性和树种数，抽样点为49个，每个抽样点涉及4株参照树信息，每个参照树涉及4株最近相邻木，总计196个结构单元。抽样调查时运用角规加测至少5个断面积绕测点，用于林分密度估计。

（1）林分空间结构分析方法：将野外调查数据输入到电子工作薄中，如图

3－18 格式所示。

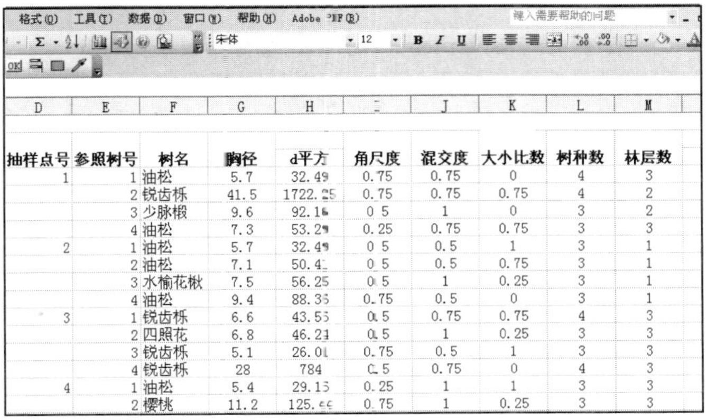

D	E	F	G	H	I	J	K	L	M
抽样点号	参照树号	树名	胸径	d平方	角尺度	混交度	大小比数	树种数	林层数
1	1	油松	5.7	32.49	0.75	0.75	0	4	3
	2	锐齿栎	41.5	1722.25	0.75	0.75	0.75	4	2
	3	少脉椴	9.6	92.16	0.5	1	0	3	2
	4	油松	7.3	53.29	0.25	0.75	0.75	3	3
2	1	油松	5.7	32.49	0.5	0.5	1	3	1
	2	油松	7.1	50.41	0.5	0.5	0.75	3	1
	3	水榆花楸	7.5	56.25	0.5	1	0.25	3	1
	4	油松	9.4	88.36	0.75	0.5	0	3	1
3	1	锐齿栎	6.6	43.56	0.5	0.75	0.75	4	3
	2	四照花	6.8	46.24	0.5	1	0.25	3	3
	3	锐齿栎	5.1	26.01	0.75	0.5	1	3	3
	4	锐齿栎	28	784	0.5	0.75	0	4	3
4	1	油松	5.4	29.16	0.25	1	1	3	3
	2	樱桃	11.2	125.44	0.75	1	0.25	3	3

图 3－18 小陇山响潭沟抽样调查数据表

统计每个抽样点结构单元参照树的结构参数取值的频率分布，如表 3－11 所示。

表 3－11 响潭沟林分结构参数统计表

结构参数	取值					
	0	0.25	0.5	0.75	1	均值
角尺度	3	35	106	47	5	0.520
混交度	5	11	37	60	83	0.761
大小比数	43	47	32	36	38	0.473

从表 3－11 可以看出，在响潭沟林分的 196 株参照树中，仅有 3 株林木的最近 4 株相邻木处于很均匀分布的状态，5 株林木处于聚集的状态，超过 50% 的参照树的最近 4 株相邻木处于随机分布的状态，林分的平均角尺度为 0.520，大于 0.517，属于轻度聚集的分布格局。参照树的混交度分布表明，大多数参照树处于中度混交以上，也就是说，大多参照树的最近 4 株相邻木中至少有 2 株与参照树不是同一个树种。其中，3 株或 4 株最近相邻木与参照树均为不同种的结构单元比例高达 73%，仅有 16 株参照树处于弱度混交或零度混交的状态。统计林分中各树种的混交度分布，可以了解树种间隔离程度，进而在经营时以此为依据进行树种配置和调整。林分的平均混交度为 0.761，属于强度混交向极强度混交过度状态，运用修正的混交度公式计算林分的混交度为 0.542，林分树种隔离程度较高。参照树的大小比数取值分布比较均匀，林分平均大小

比数为 0.473，分树种统计大小比数能够更好了解各树种的竞争关系，如表 3 - 12 和图 3 - 19 所示。

表 3 - 12　响潭沟各树种大小比数分布频率及均值

树　种	大小比数					平　均
	0	0.25	0.5	0.75	1	
锐齿栎	0.379	0.293	0.121	0.155	0.052	0.302
油　松	0.086	0.114	0.143	0.257	0.400	0.693
水榆花楸	0.182	0.182	0.091	0.273	0.273	0.568
山　榆	0.364	0.091	0.273	0.182	0.091	0.386
网脉椴	0.250	0.000	0.250	0.500	0.000	0.500
刺　楸	0.143	0.286	0.429	0.000	0.143	0.429
樱　桃	0.000	0.333	0.333	0.167	0.167	0.542
白　桦	0.000	0.833	0.167	0.000	0.000	0.292
漆　树	0.200	0.600	0.000	0.200	0.000	0.300
白　檀	0.000	0.000	0.000	0.000	1.000	1.000

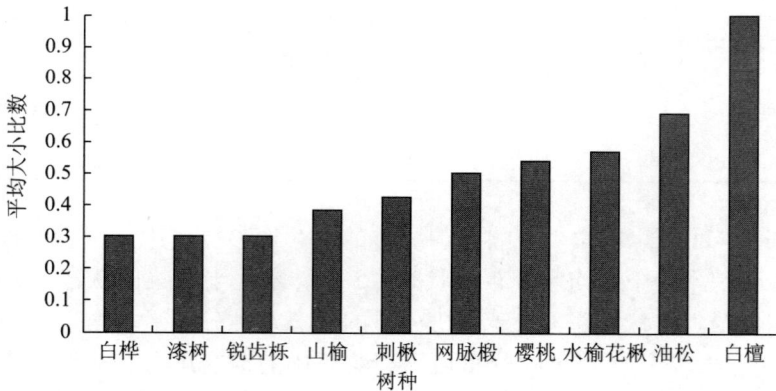

图 3 - 19　响潭沟锐齿栎天然林各树种平均大小比数

从表 3 - 12 和图 3 - 19 可以看出，在响潭沟林分中以胸径作为比较指标，各树种在结构单元中的优势程度排列顺序为：白桦 > 漆树 > 锐齿栎 > 山榆 > 刺楸 > 网脉椴 > 樱桃 > 水榆花楸 > 油松 > 白檀；白桦、漆树和锐齿栎的平均大小比数较小，分别为 0.292 和 0.30，按照大小比数的定义，大小比数越小，其在结构单元中的优势程度越大，说明在以漆树、白桦和锐齿栎为参照树的结构单元中，这 3 个树种处于优势地位，但椴树和白桦这两个树种在林分的中株数较少，而锐齿栎的相对多度占四成以上。说明锐齿栎整体在林分中占优势，锐齿栎个体在结构单元中的大小比数分布主要集中在绝对优势和优势的状态，比例分别为 37.9% 和 29.3%，而处于绝对劣势和劣势的比例相对较低，总计占 25.7%，说明锐齿栎较其他树种而言，胸径较大。油松在该林分的株数比例相对较大，但油松的平均大小比数为 0.693，总体上来说处于劣势，从其个体的大小比数分布可以看出，在结构单元中油松个体处于绝对劣势和劣势的比例都较高，其比例分别为 25.7% 和 40%，处于绝对优势和优势的比例总计为 20%，这可能是由于林分中的油松一部分是由采伐迹地中保留的种子萌发形成，一部分为采伐时保留下的幼树形成，所以个体大小分化明显。林分中山榆的平均大小比数为 0.386，处于优势向中庸过渡的状态，其个体的大小比数分布主要集中在绝对优势和中庸这两个等级，其比例分别为 36.4% 和 27.3%。林分中的水榆花楸、网脉椴、刺楸和樱桃的平均大小比数都 0.5 左右，这 4 个树种整体上处于中庸状态，但它们的个体在结构单元中的大小比数分布也各有差异。水榆花楸个体主要集中在劣势和绝对劣势状态，网脉椴集中在中庸和劣势状态，刺楸和樱桃则主要集中在优势和中庸状态；白檀的平均大小比数为 1，为绝对劣势，也就是说，在以白檀为参照树的结构单元中，其他树种的胸径都较白檀大。以上分析表明，响潭沟林分中树种的大小分化程度较复杂，这可能是由于各树种的生活策略和天然更新的能力不同，再加上皆伐利用时有意保留了部分幼树，造成了林分中各树种大小分化明显。

在响潭沟林分的 196 个抽样结构单元中，参照树与最近 4 株相邻木组成的结构单元处于同一林层的比例为 11.2%，处于 2 层的比例为 29.6%，处于 3 层结构的比例为 59.2%，林分的平均林层数为 2.48，平均树高为 15.4m，属于复层林结构。

（2）其他林分指标的分析方法：林分结构参数调查时，加测了至少 5 个角规点绕测胸高断面积，用以估计林分密度，林分的平均胸径和直径分布结构则通过 196 株参照树的胸径估计，具体计算方法参见附录 7 中有关林分密度估计方法中相关内容。在本例中，抽样调查时加测了 14 个角规绕测点，改正后的林分断面积（林分断面积在坡度较大时需要对角规绕测值进行坡度改正）为 23.7m²，林分平均胸径为 18.1cm，林分密度为 1101 株/hm²。

林分的树种多样性、树种优势度的计算分析都是调查参照树的信息为基础，按照多样性和优势度的计算公式和方法进行计算，这里不再赘述。

3.2.6 林分自然度评价

森林自然度用来描述森林生态系统保持原生状态的程度，更多地是作为一种描述历史上人类对植被或森林影响的大小，或用来表示现实植被离开它的"天然植被"的距离，但很少有人将其作为森林经营类型划分的依据。

森林可持续经营和林业的可持续发展要求我们掌握森林生态系统的自然发展规律和演替进程，然而，森林生态系统总是处于不断的发展变化过程中，其主要的驱动力来自两个方面：其一是森林中树木个体的生活史过程，即树木从种子萌发、发芽、出苗、成活、成长直到成熟，最后到死亡的过程；其二是来自外部的干扰因素对森林中树木的影响和调控作用，如自然干扰、人为经营等都决定着不同树木在森林中的存在方式及存留时期。自然干扰和人为经营措施对森林的群落组成、物种多样性、森林的演替进程以及森林生态系统的稳定性具有重要的作用。对于森林经营者而言，了解现有森林的自然状态，了解森林受到干扰的程度就显得尤为重要。

森林自然度是指现实森林的状态与地带性原始群落或顶极群落在树种组成、结构特征、树种多样性和活力等方面的相似程度以及人为干扰程度的大小，它不仅包括森林的树种组成、水平结构特征、空间结构特征，而且包括森林的更新能力、生产能力及人为干扰程度，是描述和划分现实森林状态类型的一项重要指标，也是制订森林经营、恢复和重建方案的重要依据。林分是区划森林的最小地域单位，也是进行生产实践的最基本单元。通过对林分特征的研究，掌握森林的特征，才能正确认识和经营管理森林，因此，对林分自然度进行评价和研究更具有应用意义，按照森林生长规律和演替过程对不同林分类型提出有针对性经营措施才能实现培育健康稳定森林和森林可持续发展的目标。

3.2.6.1　林分自然度评价指标

评价林分自然度的指标有很多，由于不同的学者关注的重点和研究的方向不同，所选择的指标也有所不同。但总体来说，评价林分自然度所选择的指标应该能够从根本上体现林分的特征，各指标对于不同的林分自然度表达具有一定的敏感性，也就是说能够体现出林分自然度的差别。因此，评价林分自然度的指标体系必须遵循一定的原则，力求评价指标体系科学、合理、可行。在构建林分自然度评价指标体系时应该遵循科学性和可操作性的原则；科学性即林分自然度评价指标体系应当客观、真实地反映森林的特征，并能体现出不同的林分类型或处于不同演替阶段的森林群落间的差别，能够准确反映现实林分的状态与原始群落或顶极群落的差距，指标体系建立过程中尽量减少主观性，增加客观性，力求所选择的指标比较全面、具代表性、针对性和可比性；可操作性原则即森林自然度评价指标内容应该简单明了，含义明确，易于量化，数据易于获取，指标值易于计算，便于操作，对于经营单位或有关评价部门易于测度和度量，简单实用，容易被广泛理解和接受，指标体系易于推广，对实践工作有所帮助。

综合不同学者对健康森林、顶极群落特征及森林自然度或干扰度评价的研究，林分自然度的评价从林分的树种组成、结构特征、树种多样性、活力和干扰程度等 5 个方面进行考查。树种组成主要考虑林分中各树种或树种组的组成情况，包括各树种（组）的株数组成和断面积组成；结构特征包括的指标有直径分布、林木分布格局、树种隔离程度、顶极树种优势度和林分的林层结构；树种多样性用 Simpson 多样性指数和 Pielou 均匀度指数来表达；活力指标包括林分更新状况、蓄积量和郁闭度；干扰程度则主要从林分中的枯立木和采伐强度两个方面进行评价，如图 3 - 20 所示。

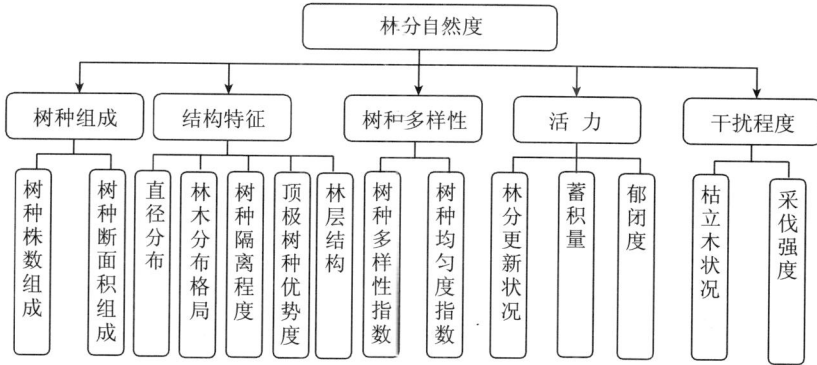

图 3 - 20 林分自然度度量指标体系

3.2.6.2 林分自然度评价方法

根据目前评价自然度的两种途径，分 3 种方法评价林分的自然度：第一种是当研究区存在历史上经历了轻微干扰的并经过长时间恢复的原始群落或顶极群落时，以该群落的特征为参照系，选择具有能够从本质上反映群落特征的指标，通过比较被评价林分与参照系相对立指标的差异来表达林分的近自然程度；第二种是当研究区找不到合适的参照系，但在同一地区有较多类型林分的研究资料时，选择能反映林分特征的指标最优值组成一个理想的参照系，然后比较现有各林分类型与理想参照系的差异来评价研究区林分的自然度；第三种方法是当研究区不存在合适的参照系和大量的数据资料时，以能够表达原始林或顶极群落一般特征的指标取值为标准值，通过调查能够从本质上反映群落特征的指标，应用层次分析法和熵权法计算指标权重系数，结合实际调查值进行定性和定量分析来评价林分的自然度。

下面具体介绍这 3 种自然度评价方法，并举例说明。

（1）存在参照系时林分自然度度量（方法 I）：当研究区存在合适的参照系时，即研究区存在原始林或以地带性植被组成为主的顶极群落。首先对参照系和评价林分从树种组成（cN）、结构特征（sN）、树种多样性（dN）、林分活力（vN）和干扰程度（hN）5 个方面的指标进行调查，调查方法见林分状态特征数据调查方法，然后进行各指标值的计算，对于具有分布特性的指标运用遗传绝对距离公式比较被评价林分与参照林分的特征的差异，对于非分布属性的指标运用被评价林分与参照林分的特征的相对差异比率来比较，然后将二者相结合进行森林自然度评价，即森林自然度为评价各指标与参照系对应指标的相似程度之和，用下式表达：

$$SN = 1 - \left(\sum_{j=1}^{m} \left| \frac{y_j - x_j}{y_j} \right| + \sum_{j=1}^{m} d_{x_j y_j} \right) / (m + n) \qquad (3-6)$$

式中，y_j——原始林或顶极群落的第 j 个特征；

x_j——现有林的第 j 个特征；

m——特征值数目，包括结构指标中的分布格局、顶极树种优势程度，多样性指标、活力指标和干扰程度指标；

n——分布类型的数目，包括树种组成、林层结构、树种隔离程度和直径分布；

d_{xy}——遗传绝对距离公式。

遗传绝对距离公式是 Gregorius 提出来的一种比较等位基因差异的方法（Gregorius，1974，1984），该方法可用来比较两个种群或群落的差异，也可比较两个样地是否来自相同的总体。遗传绝对距离公式如下：

$$d_{xy} = \frac{1}{2} \sum_{i}^{k} |x_i - y_i| \qquad (3-7)$$

式中，x_i——群落 X 中遗传类型 i 的相对频率，满足 $\sum_{1}^{k} x_i = 1$；

y_i——群落 Y 中遗传类型 i 的相对频率，满足 $\sum_{1}^{k} y_i = 1$；

k——遗传类型的数量。

遗传距离的临界值（d_a）为：

$$d_a = d_{max} \cdot (1 - 1/k) \cdot \sqrt{-0.2 \cdot \ln (\alpha)} \qquad (3-8)$$

式中，α——显著性水平。

若 $d_{xy} > d_\alpha$，则认为种群 X 与种群 Y 差异是显著的，否则差异不显著（Gregorius，1974）。

（2）标准值参照系林分自然度度量方法（方法 II）：当研究区找不到合适的参照系，但有较多的样地资料或调查数据（到少 5 个以上样地资料），资料内容包括样地的树种组成（cN）、结构特征（sN）、树种多样性（dN）、林分活力

（vN）和干扰程度（hN）等 5 个方面的 14 个指标数据，选择各样地中各类指标的最优值作为标准值构成一个假想的林分，并把由这些指标最优值构成的系列认为是参照系，也就是说，认为由这些最优值构成的参照系为研究区的顶极群落或原始林的特征值，然后仍运用参照系存在时的方法对这些林分进行林分自然度评价，即对于具有分布特性的指标运用遗传绝对距离公式比较被评价林分与参照林分的特征的差异，对于非分布属性的指标运用被评价林分与参照林分的特征的相对差异比率来比较（见公式 3 - 6）。

（3）不存在参照系时林分自然度度量（方法Ⅲ）：当研究区不存在原始林或顶极群落，且调查资料相对较少时，林分自然度的评价指标也是从树种组成（cN）、结构特征（sN）、树种多样性（dN）、林分活力（vN）和干扰程度（hN）5 个方面来选取，与存在参照林分时评价指标相同，只是对各指标的处理方法有所差异，主要是在对森林自然度各项评价指标的权重确定和实测数据的处理方面，权重采用熵权修正层次分析法进行评价。

1）森林自然度评价层次结构的构建：运用层次分析法对林分自然度（SN）进行评价，在评价体系中，林分的自然度为目标层（A 层），树种组成（cN）、结构特征（sN）、树种多样性（dN）、林分活力（vN）和干扰程度（hN）构成约束层（B 层），各约束层中所选择的具有代表性的 14 个指标构成评价体系的指标层（C 层），其层次结构如图 3 - 21。

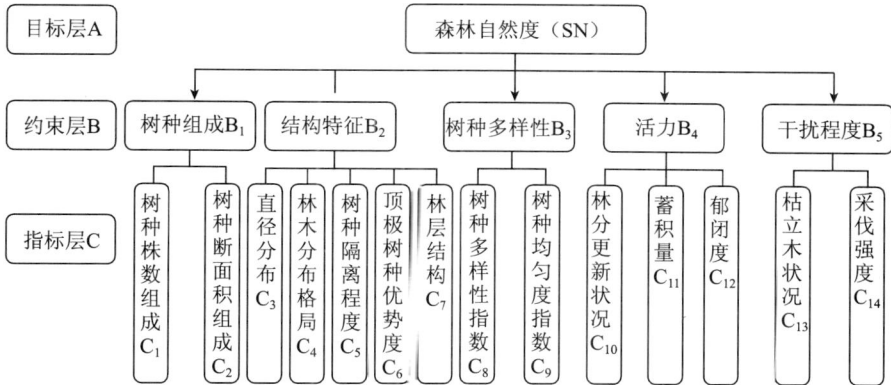

图 3 - 21　森林自然度度量指标体系层次结构

林分自然度（SN）为评价林分指标层各指标评价值及约束层与其对应组合权重的乘积之和即为各林分的森林自然度。

$$SN = \sum_{j=1}^{n} \lambda_j B_j \quad (j = 1, 2, \cdots n) \tag{3-9}$$

其中，λ_j 为约束层各指标修正后的权重，B_j 为指标层相对于目标层的评价值。

2）指标层各指标的评价方法：林分自然度评价体系中指标层选择的各指标从不同的方面反映了林分的状态，但由于各指标代表的意义不同，数量级不同，量纲也有所差异，且并不是每个指标的值越大林分的状态越接近自然，因此，要对每个指标进行标准化处理，并尽量使其转化为 [0, 1] 区间内，从而使指标具可比性和区分度。其中，对于本身没有量纲，且在 [0, 1] 区间内的正向指标则不需要进行处理，即指标值越大越接近自然，如 Simpson 多样性指数、Pielou 均匀度指数等，而对于负向指标则进行转化处理，使其转化为具有正向意义的数值，如采伐强度；对于其他指标则采用定性与定量的方法，尽量引入国家有关标准、科研成果、行业和地方有关规定或行业或区域的最高水平，如蓄积量、结构指标等。

3）指标层各指标标准值的确定

①树种组成是群落的最基本最重要的特征，在评价树种组成时引入顶极适应值（CAN）来评价林分的自然度。顶极适应值是反映森林类型演替阶段现状和动态的指标，是群落中各乔木树种所处地位的综合反映，可以定量评价和描述群落演替状态。依据乔木树种在森林群落中的地位，将它们从"先锋树种"到"顶极树种"依次排序，再按取值范围 0.1 ~ 1.0 之间赋以相应的 CAN 值。凡属同一顶极群落气候区域范围内的所有样地中出现的乔木树种，均应排序赋值，顶极树种赋 1.0 分，其余按接近顶极的程度递减赋值。借鉴 Curtis 和 McIntosh（1951）提出的构成指数（Compose Index，CI）的基础上并考虑生产实践的需要，首先将调查林分中出现的树种根据研究区的自然植被状况及其生物特性把外来种（组）划分出来，然后根据其他树种在群落中所处的地位或在演替阶段中所处的地位划分为顶极种（组）、伴生种（组）和先锋种（组），分别赋予顶极种（组）、伴生种（组）、先锋种（组）和外来种（组）等四个树种组相应的顶极适应值（A_i）为 1.0、0.5、0.2 和 0.1，林分的树种组成评价值则分别用各树种（组）的株数组成（C_1）和断面积组成（C_2）与顶极适应值相乘再累加而得，这两个都值处于 [0, 1] 区间，且为正向指标，越大表明群落与顶极群落越接近。

②林分的直径分布（C_3）是最重要、最基本的林分结构，许多研究表明，大多数天然异龄林直径分布为倒"J"形，株数按径级依常量 q 值递减，而同龄纯林的直径结构一般呈现为以林分算术平均直径为峰点的单峰山状曲线，且近似于正态分布。所以，理想的林分直径分布应该是具有异龄林的直径分布特征。Liocourt 认为，q 值一般在 1.2 ~ 1.5 之间，也有研究认为，q 值在 1.3 ~ 1.7 之间，这里把 q 值是否落在 1.2 ~ 1.7 之间作为林分直径分布是否接近自然作为评

价准则，采用赋值的方法评价林分调查结果，即直径分布的 q 值是否落在1.2～1.7 之间，则该指标取值为1，为正态分布则为0，其他情况则取值为0.5。

③林分中林木个体的空间分布格局（C_4）采用了角尺度进行度量，众多研究结果表明，处于自然演替群落的植被个体的分布是一个由聚集向随机发展的过程，顶极的群落水平分布格局为随机分布状态，自然界均匀分布的现象很少见，多见于人工群落。显然，林木分布格局的随机性将成为判断林分近自然程度的一个尺度。因此，把林木分布格局为随机分布格局赋值为1，团状分布格局赋值为0.5，均匀分布格局赋值为0，研究林分的分布格局运用角尺度法。

④林分结构特征中的树种隔离程度（C_5）和顶极树种优势度（C_6）两个指标的的值均为无量纲的值，且为 [0，1] 区间的正向指标，也就是说，这两个值越大，代表该指标与自然群落越接近，因此，对于这两个指标不需要进行赋值处理，计算值即为度量值。

⑤结构特征中的林层结构（C_7）表征了林分的垂直分层特征，以林层数来表达。对于林分的平均林层可以通过调查参照树及其最近 4 株相邻树所组成的结构单元中，该 5 株树按树高可分层次的数目。一般而言，林分越接近自然，其林层结构越复杂，林层数的标准值为 3 层的复层结构。在评价林层结构时用林分的平均林层数与 3 相除，即为该指标的评价值，该值也是介于 [0，1] 间的数，越大林分的自然度越大。

⑥进行林分的多样性评价时，选择了 Simpson 多样性指数（C_8）和 Pielou 均匀度指数（C_9），这两个值均为 [0，1] 间的数，且为正向指标，越大林分的多样性和均匀度程度越高，林分越接近自然，这两个指标的调查值即为评价值，不需要进行处理。

⑦在活力指标中，林木的更新情况（C_{10}）按照国家林业局资源司有关幼树幼苗的更新评价标准中不分高度级的方法来评价，将更新分为 3 种情况，即更新良好、更新中等、更新不良 3 个等级，得分值分别为 3、2 和 1，其标准值为 3，指标评价值为林分的更新得分值与标准值的比，也将该值化为了 [0，1] 间的数，且为正向指标。林分蓄积（C_{11}）运用单位面积的蓄积量来表征，根据研究区地带性顶极森林植被类型，查阅该地区典型地带性森林植被类型成熟林单位面积的最大蓄积量，并以此为标准值来评价调查林分的蓄积量自然度，用评价林分的单位面积蓄积量与标准相比即为该指标的评价值。郁闭度（C_{12}）在一定程度上体现了林分内林木利用空间的程度。评价郁闭度近自然是度时以郁闭度大于 0.7 为标准值，即当评价林分的郁闭大于 0.7 时，得分值为1，否则为 0。

⑧枯立木（C_{13}）是老龄林的特征之一，评价其自然度时，运用林分中单位

面积的枯立（倒）木株数与活立木株数的比例表示，当枯立（倒）木的比例大于等于 10% 时，评价值记为 1，当为 5% ~ 10% 时记为 0.5，小于 5% 时记为 0。采伐是干扰程度的一个非常重要的方面，其强度和次数的大小体现了干扰程度的大小，采伐强度的大小一般用百分数表示，是一个负向指标，采伐强度越大，干扰程度越大，在评价采伐强度时用 1 减去采伐强度的采伐次数倒数次幂来表征，将其转化为一个正向指标，其值越大，受干扰程度越小。

4）指标权重确定

根据层次分析法和熵值法对构造的林分自然度度量体系进行指标权重赋值。选择了 5 个方面的 14 个指标来体现森林自然度，而对于约束层的 5 个方面，即树种组成、结构特征、树种多样性、活力和干扰程度等方面来说，都体现了森林自然度的重要方面，这 5 个方面同等重要，对林分自然性的贡献相同，因此，这 5 个方面的权重相等，各为 0.2。

下面以结构特征的 5 个指标赋权重计算过程为例来说明熵技术支持下的层次分析法指标赋权过程。

第一步：根据构造的评价体系，首先构造约束层 B_2 与其指标层指标 C_3—C_7 的判断矩阵 R（B—C），该过程中对各指标两两进行比较，根据它们对结构特征的相对重要性，采用 1 ~ 9 及其倒数的标度方法，判断矩阵如表 3 - 13。

表 3 - 13 结构特征指标判断矩阵

B	C_3	C_4	C_5	C_6	C_7
C_3	1	4	4	7	3
C_4	1/4	1	1	3	1/2
C_5	1/4	1	1	3	1/2
C_6	1/7	1/3	1/3	1	1/4
C_7	1/3	2	2	4	1

第二步：计算特征根（AHP 计算方根法）

① 首先计算判断矩阵每一行的乘积

$M_3 = 1 \times 4 \times 4 \times 7 \times 3 = 336$；$M_4 = 1/4 \times 1 \times 1 \times 3 \times 1/2 = 3/8$；$M_5 = 1/4 \times 1 \times 1 \times 3 \times 1/2 = 3/8$；$M_6 = 1/7 \times 1/3 \times 1/3 \times 1 \times 1/4 = 1/336$；$M_7 = 1/3 \times 2 \times 2 \times 4 \times 1 = 16/3$。

② 计算 Mi 的 n 次方根，即 $\overline{W} = \sqrt[5]{M_i}$，由此得，$\overline{W}_3 = 3.2009$；$\overline{W}_4 = 0.8219$；$\overline{W}_5 = 0.8219$；$\overline{W}_6 = 0.3309$；$\overline{W}_7 = 1.3977$。

③ 对向量 $\overline{W} = [\overline{W}_3, \overline{W}_4, \overline{W}_5, \overline{W}_6, \overline{W}_7]^T = [3.2009, 0.8219, 0.8219,$

0.3309，1.3977]^{T}正规化处理，即 $W_j = \overline{W_j} / \sum\limits_{j=3}^{7} \overline{W_j}$，由此得：

$W_3 = 0.487$；$W_4 = 0.125$；$W_5 = 0.125$；$W_6 = 0.050$；$W_7 = 0.213$

④计算判断矩阵的最大特征根 λ_{max}：

$$AW = \begin{bmatrix} 1 & 4 & 4 & 7 & 3 \\ 1/4 & 1 & 1 & 3 & 1/2 \\ 1/4 & 1 & 1 & 3 & 1/2 \\ 1/7 & 1/3 & 1/3 & 1 & 1/4 \\ 1/3 & 2 & 2 & 4 & 1 \end{bmatrix} \times \begin{bmatrix} 0.487 \\ 0.125 \\ 0.125 \\ 0.050 \\ 0.213 \end{bmatrix}，由此得：$$

$AW_3 = 2.4775$；$AW_4 = 0.6292$；$AW_5 = 0.6292$；$AW_6 = 0.2564$；$AW_7 = 1.0765$；$\lambda_{max} = \sum\limits_{i=3}^{7} \dfrac{(AW)_i}{nW_i} = 5.0615$，

⑤层次单排序结果检验：

$CI = \dfrac{\lambda_{max} - n}{n-1} = (5.0615 - 5)/(5-1) = 0.0615$，当 $n = 5$ 时，$RI = 1.12$；

$CR = \dfrac{CI}{RI} = 0.0615/1.12 = 0.05 < 0.10$，所以层次单排序的结果满意。

第三步：在对约束层和指标层的权重进行单层次排序和总排序后，进行层次总排序检验。在本例中，$b_j = 0.2$，$CI = 0.0615$，$RI = 1.12$，因此，$CR = (0.2 \times 0.0615) / (0.2 \times 1.12) = 0.05 < 0.10$，所以层次总排序的结果满意。

第四步：运用熵值法对层次分析法确定指标的权重进行修正。

①对上面已构造的判断矩阵 R（B—C）进行规一化处理，得到标准矩阵 $\overline{R}$（B—C）（表3-14）。

表 3-14　结构特征指标判断矩阵归一化处理

B	C_3	C_4	C_5	C_6	C_7
C_3	0.0526	0.2105	0.2105	0.3684	0.1579
C_4	0.0435	0.1739	0.1739	0.5217	0.0870
C_5	0.0435	0.1739	0.1739	0.5217	0.0870
C_6	0.0694	0.1618	0.1618	0.4855	0.1214
C_7	0.0357	0.2143	0.2143	0.4286	0.1071

②计算各指标的输出熵 e_j 和差异系数 g_j，结果如表3-15：

表 3 - 15　结构特征指标输出熵和差异系数

B	C_3	C_4	C_5	C_6	C_7
e_j	0.9136	0.8056	0.8056	0.8583	0.8585
g_j	0.0864	0.1944	0.1944	0.1417	0.1415

③ 计算熵值权重，得出 5 个指标的熵值权重为 $a_3 = 0.1139$；$a_4 = 0.2563$；$a_5 = 0.2563$；$a_6 = 0.1868$；$a_7 = 0.1866$；

④利用熵值权重 a_j 修正由 AHP 得出的各评价指标的权重后得到指标层（C）各评价指标相对于约束层（B）的组合权重 λ_j，修正后的权重为：$\lambda_3 = 0.329$；$\lambda_4 = 0.190$；$\lambda_5 = 0.190$；$\lambda_6 = 0.056$；$\lambda_7 = 0.235$；因为，约束层各指标相对于目标层各指标的相对权重相同，分别为 0.2，且该权重运用熵值法进行修正后的权重仍为 0.2，因此，约束层中结构特征中包含的各指标相对于目标层（A）的组合权重分别为 $\lambda_3 = 0.066$；$\lambda_4 = 0.038$；$\lambda_5 = 0.038$；$\lambda_6 = 0.011$；$\lambda_7 = 0.047$。

重复上述权重赋值过程，对自然度评价体系中各层次所包含指标进行权重赋值，最后将指标权重与各指标实测值相结合后求和，即为森林的自然度值。各指标最终的组合权重按上述过程计算结果如表 3 - 16：

表 3 - 16　各指标最终权重值

指标层	约束层					权重 λ
	B_1	B_2	B_3	B_4	B_5	
	0.2	0.2	0.2	0.2	0.2	
C_1	0.5	0	0	0	0	0.100
C_2	0.5	0	0	0	0	0.100
C_3	0	0.329	0	0	0	0.066
C_4	0	0.190	0	0	0	0.038
C_5	0	0.190	0	0	0	0.038
C_6	0	0.056	0	0	0	0.011
C_7	0	0.235	0	0	0	0.047
C_8	0	0	0.5	0	0	0.100

（续）

指标层	约束层					权重 λ
	B₁	E₂	B₃	B₄	B₅	
	0.2	0.2	0.2	0.2	0.2	
C_9	0	0	0.5	0	0	0.100
C_{10}	0	0	0	0.549	0	0.110
C_{11}	0	0	0	0.363	0	0.073
C_{12}	0	0	0	0.088	0	0.017
C_{13}	0	0	0	0	0.5	0.100
C_{14}	0	0	0	0	0.5	0.100

3.2.6.3 林分自然度划分标准和系统

为了在生产应用中便于操作，根据林分自然度的含义和原始林或顶极群落的树种组成、结构特征、树种多样性、活力等方面的一般特征，采用定性与定量相结合的方法把林分自然度划分为一定的等级，以区分不同林分类型状态特征与原始林或顶极群落状态特征的差异，并依据不同等级林分自然度制订相应的经营方案和措施。在借鉴国内外在自然度研究成果的基础上，依据以上两种自然度度量方法和自然度的取值范围，将自然度划分为 7 个等级，其命名则根据林分的状态和接近自然的程度相结合，具体划分标准见表 3 - 17。

表 3 - 17 林分近自然度等级划分

SN 值	林分状态特征	自然度等级
< =0.15	疏林状态（在荒山荒地、采伐迹地、火烧迹地上发育的植物群落，或是地带性森林或人工栽植而成的林分由于持续的、强度极大的人为干扰，植被破坏殆尽后形成的林分，乔木树种组成单一且郁闭度较小，林内生长大量的灌木、草本和藤本植物，偶见先锋种，林分垂直层次简单，迹地生境特征还依稀可见，但已经不明显）	1
0.15～0.30	外来树种人工纯林状态（在荒山荒地、采伐迹地、火烧迹地上以人为播种或栽植外来引进树种形成的林分，郁闭度较低，树种组成单一，多为同龄林，林层结构简单，多为单层林，树种隔离程度小，多样性很低，林木分布格局为均匀分布）	2

（续）

SN 值	林分状态特征	自然度等级
0.30 ~ 0.46	乡土树种纯林或外来树种与乡土树种混交状态（在采伐迹地、火烧迹地上以人为播种或栽植外来引进树种或乡土树种为主形成的林分，郁闭度较低，树种组成单一，多为同龄林，林层结构简单，多为单层林，树种隔离程度小，多样性很低，林木分布格局多为均匀分布）	3
0.46 ~ 0.60	乡土树种混交林状态（在采伐迹地、火烧迹地上以人为播种或栽植乡土树种为主形成的林分，郁闭度较低，树种相对丰富，同龄林或异龄林，林层结构简单，多为单层林，树种隔离程度小，多样性较低，林木分布格局多为均匀分布）	4
0.60 ~ 0.76	次生林状态（原始林受到重度干扰后自然恢复的林分，有较明显的原始林结构特征和树种组成，郁闭度在 0.7 以上，树种组成以先锋树种和伴生树种主，有少量的顶极树种，林层多为复层结构，同龄林或异龄林，林木分布格局以团状分布居多，树种隔离程度较高，多样性较高，林下更新良好）	5
0.76 ~ 0.90	原生性次生林状态（原始林有弱度的干扰影响，但不显著，如轻度的单株采伐，是原始林与次生林之间的过渡状态，树种组成以顶极树种为主，有少量先锋树种，郁闭度在 0.7 以上，异龄林，林层为复层结构，林木分布格局多为轻微团状分布或随机分布，树种隔离程度较高，多样性较高，有一些枯立（倒）木，但数量较少，林下更新良好）	6
> 0.90	原始林状态（自然状态，受到人为干扰或影响极小，树种组成以稳定的地带性顶极树种和主要伴生树种为主，偶见先锋树种，郁闭度在 0.7 以上，异龄林，林层为复层结构，顶极树种占据林木上层，林木分布格局为随机分布，树种隔离程度较高，多样性较高，林内有大量的枯立（倒）木，林下更新良好）	7

3.2.6.4 林分自然度评价应用实例

应用林分自然度评价方法对不同气候区的 14 个林分进行了评价。这 14 个林分分别是温带大陆性气候带的天然阔叶红松林（吉林蛟河林业实验局东大坡经营区 52 林班 A、B 样地和 54 林班样地共 3 块典型定位样地调查数据）、暖温带向北亚热带过渡区的小陇山锐齿栎天然林（王安沟 1 块典型样地和响潭沟、白营西沟 2 个抽样调查林分数据）和不同天然灌木林改造模式林分（5 个抽样调查林分数据）以及亚热带湿润气候带的贵州黎平常绿阔叶混交林（2 块典型样地调查数据）

和针阔混交林（2块典型样地调查数据）。其中，小陇山锐齿栎王安沟天然林典型样地位于山地深处，地理位置较偏僻，到达较为困难，树种组成以地带性顶极植被为主，林木分布格局为随机分布，树种隔离程度和多样性较高，林分直径分布为典型的异龄混交复层林倒"J"形分布，在样地周围2km的范围内没有取材道，样地内没有发现人为采伐和人为活动的痕迹，样地内存在大量的枯立（倒）木和大树，其中最大树木年龄（用生长锥钻木心数年轮）达到110年以上，没有或极少受到人为干扰，为近乎自然生存的森林群落，可以认为是小陇山林区地带性顶极群落，并以此为参照系运用存在参照系时林分自然度度量方法对小陇山林区的其他7个林分的自然度进行了评价，结果如表3－18所示：

表3－18　不同林分类型与参照系的差异及自然度

林分 ＼ 指标	树种组成	结构特征	树种多样性	活力	干扰程度	平均差异	自然度
响潭沟皆伐后天然更新	0.525	0.180	0.086	0.110	0.500	0.247	0.753
白营西沟天然林择伐	0.544	0.205	0.205	0.104	0.774	0.313	0.687
全面割灌改造华山松	0.902	0.450	0.512	0.169	0.766	0.508	0.492
全面割灌改造油松	0.938	0.507	0.551	0.248	0.766	0.530	0.444
全面割灌改造日本落叶松	0.983	0.521	0.598	0.381	0.811	0.609	0.391
带状割灌改造华山松	0.869	0.439	0.434	0.316	0.500	0.482	0.518
带状割灌改造油松	0.930	0.485	0.412	0.288	0.500	0.498	0.502

从表3－18可以看出，各个林分与参照系的差异各不相同，在树种组成方面，响潭沟林分和白营西沟林分与参照系林分的差异最小，但也分别达到了52.5%和54.4%，其他林分树种组成与参照系差异均在86%以上，其中，全面割灌改造日本落叶松的差异最大，达到了98.3%；在结构特征方面，响潭沟林分参照系的差异最小，为18%，其次为白营西沟林分，差异为20.5%，全面割灌改造模式林分和带状割灌改造模式林分的结构特征与参照系差异较大，都在40%以上，其中，日本落叶松的结构特征与参照系结构特征差异最大，达到了52.1%；在树种多样性方面，响潭沟林分的树种多样性与参照系最接近，差异仅为8.6%，其次为白营西沟，差异为20.5%，全面割灌改造模式林分的树种多样性与参照差异均达到了50%以上，而带状割灌改造模式林分均在42%左右；在活力特征方面，白营西沟天然林择伐林分与参照系的差异最小，仅为10.4%，其次为响潭沟林分和全面割灌改造华山松林分，差异分别为11%和16.9%，全面割灌改造日本落叶松模式林分与参照系差异最大，达到了38.1%；在干扰程度程度方面，各林分与参照系的差异都比较大，均在50%以上，其中，全面割灌改造日本落叶松达到了

81.1%，其次为白营西沟天然林择伐林分，达到了 77.4%，这一方面是因为人工改造模式林分和天然林皆伐天然更新林分（响潭沟）林龄较小，林分中尚未出现枯立（倒）木，而天然林择伐林分（白营西沟）中，由于择伐时对林内的枯立（倒）进行了清理，也未见有枯立（倒）木出现，另一方面是因为全面改造日本落叶松已经经历了 4 次强度在 15% 左右的抚育间伐，而白营西沟则经历了 2 次强度为 30% 的择伐，其他全面割灌改造模式林分也进行了不同程度的采伐，林分所受人为干扰程度较大。从各林分与参照系的平均差异来看，响潭沟林分差异最小，但也达到了 24.7%，其次为白营西沟天然林择伐林分，差异为 31.3%，全面割灌改造日本落叶松模式与参照系的平均差异最大，达到了 60.9%。响潭沟林分和白营西沟林分的自然度值分别为 0.753 和 0.678，根据自然度等级划分系统可知，这 2 个林分状态特征均为次生林状态，森林自然度等级为 5；而全面割灌改造华山松和带状改造华山松、油松林分的自然度值分别为 0.492、0.518 和 0.502，落在了 [0.46，0.60] 之间，林分状态为乡土树种混交林状态，森林自然度等级为 4，全面割灌改造油松的自然度值为 0.444，林分状态为乡土树种纯林状态，森林自然度等级为 3，全面割灌改造日本落叶松林分的自然度值为 0.391，林分状态属于外来树种与乡土树种混交状态，森林自然度等级也为 3。

运用不存在参照系时林分自然度评价方法，对上述 14 个林分的自然度进行评价，这里假定小陇山不存在王安沟这样的原始林分。各林分的特征值和自然度评价如表 3 - 19 和表 3 - 20 所示。

在东北阔叶红松林样地中，3 个林分的树种组成相差不大，52 林班 A 样地的株数组成和断面积组成加权后得分值分别为 0.052 和 0.057，B 样地的得分值则相对较低，都为 0.050，而 54 林班样地则与 A 样地相似，株数组成和断面积组成分别为 0.053 和 0.063；在结构特征中，3 个样地的得分值几乎相同，直径分布的 q 值均落在了 1.2 ~ 1.7 之间，林木分布格局为随机分布，52 林班 A 样地和 54 林班地的树种隔离程度、顶极树种优势度和林层结构的得分值较 52 林班 B 样地稍高一些，但差别很小；54 林班样地和 52 林班 A 样地的树种多样性 52 较林班 B 样地高，而林下更新则是 54 林班和 52 林班 B 样地较 52 林班 A 样地更好，蓄积量方面则是 54 林班样地较 52 林班样地高；54 林班样地与 52 林班样地林分特征的主要差异在干扰程度方面，根据调查表明，52 林班在 50 ~ 60 年前进行过一次择伐作业，采伐强度大约为 15% 左右，而 54 林班仅在 20 世纪 60 年代初经历过不大于 2% 的盗伐，因此，54 林班样地采伐强度的得分值为 0.098，枯立（倒）木得分值为 0.1；总体而言，54 林班样地的自然度值最高，为 0.858，该林分评价为原生性次生林状态，自然度等级为 6，52 林班 A 样地和 B 样地的自然度值分别为 0.652 和 0.698，均为次生林状态，自然度等级为 5。

表 3-19 研究林分各指标特征值

林分类型	树种组成		结构特征					树种多样性			活力		干扰程度	
	株数	断面积	直径分布	分布格局	树种隔离程度	顶极树种优势度	林层结构	Simpson	Peliou	天然更新	蓄积量	郁闭度	采伐强度	枯立(倒)木
52 林斑 A 样地	0.521	0.570	1.000	1.000	0.818	0.321	0.833	0.891	0.808	0.333	0.774	1.000	0.850	0.000
52 林斑 B 样地	0.499	0.502	1.000	1.000	0.779	0.314	0.733	0.879	0.718	1.000	0.746	1.000	0.850	0.000
54 林班样地	0.534	0.632	1.000	1.000	0.827	0.484	0.833	0.893	0.831	1.000	0.882	1.000	0.980	1.000
常绿阔叶混交林 A 样地	0.750	0.852	0.500	1.000	0.580	0.674	0.867	0.708	0.627	1.000	0.573	1.000	1.000	1.000
常绿阔叶混交林 B 样地	0.877	0.969	0.500	1.000	0.487	0.747	0.767	0.598	0.548	1.000	0.653	1.000	1.000	1.000
针阔混交林 C 样地	0.438	0.388	1.000	0.500	0.714	0.185	0.600	0.936	0.862	1.000	0.115	1.000	1.000	0.000
针阔混交林 D 样地	0.573	0.426	1.000	0.500	0.557	0.302	0.667	0.808	0.679	1.000	0.162	1.000	1.000	0.000
响潭沟皆伐后天然更新	0.633	0.805	1.000	0.500	0.542	0.687	0.827	0.864	0.871	1.000	0.769	1.000	1.000	0.000
白营西沟天然林择伐	0.774	0.900	0.500	1.000	0.451	0.749	0.693	0.716	0.599	1.000	0.626	1.000	0.452	0.000
全面割灌改造华山松	0.559	0.517	0.500	0.000	0.347	0.098	0.500	0.367	0.430	1.000	0.704	1.000	0.469	0.000
全面割灌改造油松	0.531	0.506	0.500	0.000	0.291	0.041	0.543	0.332	0.400	1.000	0.517	1.000	0.469	0.000
全面南灌改造日本落叶松	0.171	0.127	0.000	0.000	0.291	0.000	0.533	0.293	0.362	1.000	0.400	0.500	0.378	0.000
带状割灌改造华山松	0.509	0.498	0.500	1.000	0.323	0.033	0.447	0.464	0.466	1.000	0.405	0.500	1.000	0.000
带状割灌改造油松	0.493	0.498	0.000	0.000	0.324	0.000	0.493	0.485	0.481	1.000	0.467	0.500	1.000	0.000

表3-20 研究林分各指标加权值及林分自然度值

林分类型	树种组成		结构特征					树种多样性			活力		干扰程度		自然度 (SN)
	株数	断面积	直径分布	分布格局	树种隔离程度	顶极树种优势度	林层结构	Simpson	Peliou	天然更新	蓄积量	郁闭度	采伐强度	枯立(倒)木	
52林班A样地	0.052	0.057	0.066	0.038	0.031	0.004	0.039	0.089	0.081	0.037	0.057	0.017	0.085	0.000	0.652
52林班B样地	0.050	0.050	0.066	0.038	0.030	0.003	0.034	0.088	0.072	0.110	0.054	0.017	0.085	0.000	0.698
54林班样地	0.053	0.063	0.066	0.038	0.031	0.005	0.039	0.089	0.083	0.110	0.064	0.017	0.098	0.100	0.858
常绿阔叶混交林A样地	0.075	0.085	0.033	0.038	0.022	0.007	0.041	0.071	0.063	0.110	0.042	0.017	0.100	0.100	0.804
常绿阔叶混交林B样地	0.088	0.097	0.033	0.038	0.019	0.008	0.036	0.060	0.055	0.110	0.048	0.017	0.100	0.100	0.808
针阔混交林C样地	0.044	0.039	0.066	0.019	0.027	0.002	0.028	0.094	0.086	0.110	0.008	0.017	0.100	0.000	0.640
针阔混交林D样地	0.057	0.043	0.066	0.019	0.021	0.003	0.031	0.081	0.068	0.110	0.012	0.017	0.100	0.000	0.628
响箭沟皆伐后天然更新	0.063	0.081	0.066	0.019	0.021	0.008	0.039	0.086	0.087	0.110	0.056	0.017	0.100	0.000	0.752
白营西沟天然林择伐	0.077	0.090	0.033	0.038	0.017	0.008	0.033	0.072	0.060	0.110	0.046	0.017	0.045	0.000	0.646
全面割灌改造华山松	0.056	0.052	0.033	0.000	0.013	0.001	0.024	0.037	0.043	0.110	0.051	0.017	0.047	0.000	0.483
全面割灌改造油松	0.053	0.051	0.033	0.000	0.011	0.000	0.026	0.033	0.040	0.110	0.038	0.017	0.047	0.000	0.459
全面清灌改造日本落叶松	0.017	0.013	0.000	0.000	0.011	0.000	0.025	0.029	0.036	0.110	0.029	0.009	0.038	0.000	0.317
带状割灌改造华山松	0.051	0.050	0.033	0.038	0.012	0.000	0.021	0.046	0.047	0.110	0.030	0.009	0.100	0.000	0.546
带状割灌改造油松	0.049	0.050	0.000	0.000	0.012	0.000	0.023	0.049	0.048	0.110	0.034	0.009	0.100	0.000	0.484

在贵州黎平试验区的 4 个林分中，常绿阔叶混交林样地的树种组成加权后得分值较针阔混交林样地的得分值高，样地 A 和 B 的株数组成和断面积组成分别为 0.075、0.085 和 0.088、0.097，而样地 C 和 D 的株数组成和断面积组成加权后得分值分别只有 0.044、0.039 和 0.057、0.043，可见，这 2 块样地的树种组成与顶极群落的差距较大；在结构特征方面，针阔叶混交林样地的直径分布和树种隔离程度较常绿阔叶混交林的得分值高，也就是说，针阔叶混交林的直径分布的 q 值落在 1.2 ~ 1.7 之间，为合理的异龄林直径分布特征，且针阔混交林的树种混交度较高，常绿阔叶混交林的直径分布不甚合理，树种混交度也不高；针阔叶混交林的林木分布格局、顶极树种优势度和林层结构的得分值较常绿阔叶林混交林的得分值低，它们的林木分布格局为团状分布，林层结构相对简单，但也为复层林，顶极树种在林分中不占优势，而常绿阔叶混交林的林木分布格局为随机分布，林分中顶极树种占绝对优势，林层结构为复层结构；在树种多样性方面，针阔混交林明显高于常绿阔叶混交林，其中，C 样地的树种多样性最高，选择的 Simpson 指数和 Peliou 指数的得分值分别达到了 0.094 和 0.086，样地 B 的得分最小，分别只有 0.06 和 0.055；在林分活力方面，4 个林分的林下更新良好，郁闭度也都达到了 0.7 以上，但常绿阔叶混交林的蓄积量明显高于针阔混交林的蓄积量，其中，样地 B 的蓄积量最高，其得分值为 0.048，其次为 A 样地，得分值为 0.042，C 样地和 D 样地的得分值则分别为 0.008 和 0.012；在干扰程度方面，4 个林分均没有进行过采伐，但常绿阔叶混交林样地中的枯立（倒）木较多，说明这两个林分处于演替的较高阶段，受干扰程度较小；就自然度而言，4 个林分的 SN 值分别为 0.804、0.808、0.640 和 0.628，按照自然度分类系统，常绿阔叶混交林样地 A 和 B 的林分状态属于原生性次生林，森林自然度等级为 6，而针阔混交林样地 C 和 D 的林分状态为次生林状态，森林自然度等级为 5。

同样由表 3-20 可以看出，在没有参照系时，按照熵技术支持下的层次分析法评价小陇山研究区的 7 个林分时，响潭沟皆伐后天然更新林分和白营西沟天然林择伐林分的树种组成的得分值较高，其中，白营西沟林分的树种组成得分最高，株数组成和断面积组成分别为 0.077 和 0.090，由此可见，择伐对天然林林分树种组成的影响较小；全面割灌改造日本落叶松最低，株数组成和断面积组成分别为 0.017 和 0.013，其他林分的株数组成和断面积组成得分值在 0.05 左右，这几个林分的树种组成主要以改造树种为主；在结构特征方面，响潭沟林分的直径分布得分值最高，为 0.066，带状割灌改造油松和全面割灌改造日本落叶松的直径分布为正态分布，为典型的人工林特征，得分值最小；白营西沟天然林择伐林分和带状割灌改造华山松林分林木分布格局为随机分布，响潭沟天然林皆伐林分为

团状分布，其他林分则都为均匀分布；响潭沟林分和白营西沟林分的树种隔离
程度、林层结构和顶极树种优势度的得分值较其他林分都高，体现出了这两个
林分的天然林起源，而在割灌改造模式林分中，树种隔离程度的得分值都在
0.013 以下，林分中顶极树种优势度几乎为 0，林层结构则多为单层林；树种多
样性方面，响潭沟林分和白营西沟林分所选 2 个指数的得分值较高，均在 0.06
以上，在割灌改造模式林分中，带状割灌改造模式林分的多样性指数得分值相
对较高，得分值在 0.046 ~ 0.049 之间，而全面割灌改造模式林分的多样性指数
得分值变动在 0.29 ~ 0.43 之间，其中，全面割灌改造日本落叶松的最小，分别
为 0.029 和 0.036；在活力特征方面，7 个林分的林下更新均良好，得分值都为
0.11；响潭沟林分的蓄积量最高，其得分值为 0.056，其次为全面割灌改造华山
松，得分值为 0.051，其他几个林分的得分值都在 0.046 以下，全面割灌改造日
本落叶松的最小，得分值为 0.029；7 个林分中，响潭沟林分、白营西沟林分和
全割灌改造华山松和油松林分的郁闭度均在 0.7 以上，而全面割灌改造日本落
叶松模式和 2 个带状割灌改造模式林分的郁闭度均在 0.7 下以下，得分值仅为
0.009；在干扰程度方面，响潭沟林分和带状割灌改造模式林分均没有进行过采
伐，而其他林分则都经历了不同强度和次数的采伐，其中，白营西沟林分进行
了 2 次强度较大的采伐，采伐强度达到了 30%，而全面割灌改造日本落叶松模
式林分进行了 4 次强度在 15% 左右的抚育间伐；各林分中的枯立（倒）木情况
基本相同，数量极少或没有，此项得分值均为 0。总体而言，响潭沟天然林皆
伐天然更新林分的自然度值为 0.752，白营西沟林分自然度值为 0.646，林分状
态均属于次生林状态，自然度等级为 5；全面割灌改造华山松林分以及带状割
灌改造华山松和油松林分自然度值分别为 0.483、0.546 和 0.484，林分状态特
征均为乡土树种混交林状态，自然度等级为 4；全面割灌改造油松的自然度值
为 0.459，为乡土树种纯林状态，自然度等级为 3；全面割灌改造日本落叶松林
分的自然度值为 0.317，为外来树种与乡土树种混交状态，自然度等级也为 3。
从以上小陇山研究区各林分的自然度值可以看出，在没有参照系时，运用层次
分析法和熵权法相结合的方法计算出的森林自然度值较有参照系时运用遗传绝
对距离和绝对差异率相结合计算出的森林自然度值虽然有一些差别，但林分自
然度的位序没有变化，也就是说两种方法评价结果是一致的。

3.2.7　林分经营迫切性评价

森林经营的目的在于使经营对象更加合乎经营目标，而经营目标取决于社
会经济发展水平、生产和生活对森林效益的需求。森林可持续经营已成为森林
经营管理追求的目标（唐守正，1998；蒋有绪，2000；郭晋平，2001）。以木材

生产为中心的方法只强调森林的生产功能而忽视了森林的其他效益，森林经营更多地是通过林分生长量、林木分化程度、林分外貌特征及密度管理图来确定经营方向（沈国舫，2001），很少把系统结构作为目标（汤孟平等，2004、2007）。结构化森林经营是在"以树为本、培育为主、生态优先"的原则下，通过优化森林的空间结构来达到培育健康稳定森林的目的，因此，调整林分空间结构，创建最佳的森林空间结构是贯穿森林经营活动的主线。

3.2.7.1　林分经营迫切性评价指标

林分近自然度评价将不同的林分状态划分成了几个类型，并就每个类型如何经营给出了相应的培育原则和模式。在经营实践中，面对具体林分不仅要了解林分处于何种状态，属于哪种经营类型，而且要在此基础上，结合健康稳定森林的特征来分析林分是否需要经营，为什么要经营，从哪些方面进行经营，才能达到健康稳定的目标。结构化森林经营通过分析现实林分的经营迫切性程度来判断，即通过分析林分的林木空间分布格局、竞争关系、树种组成、林木健康、多样性等方面来判定林分是否需要经营，需要经营则从哪些方面进行调整能够实现林分的状态特征向健康稳定森林特征逼近，也就是说，通过调整现实林分不合理的指标达到培育林分向健康稳定森林生态系统发展的目的。

健康稳定生态系统通常具有以下特征：在结构方面，健康生态系统的物种多样性、生物多样性、结构多样性和空间异质性较高；在能量学方面，健康生态系统的生产量高，系统储存的能量高，食物链多为网状；在物质循环方面，健康生态系统中有机质储存多，矿质营养物循环较封闭，无机营养物多储存在生物体中，在稳定性方面，由于健康生态系统的组成和结构复杂、生态联系和生态过程多样性化，对于外界干扰抵抗力强，恢复力较高，具有良好的自我维持能力。可见，一个健康的生态系统是稳定的和可持续的；在时间上能够维持它的组织结构和自治，也能够维持对胁迫的恢复力。生态系统是否健康可以从活力（vigor）、组织结构（organization）和恢复力（resilience）等3个主要特征来评价。活力表示生态系统功能，可根据新陈代谢或初级生产力等来测定；组织结构可根据系统组分间相互作用的多样性及数量来评价；恢复力也称抵抗能力，可根据系统在胁迫出现时维持系统结构和功能的能力来评价。

森林生态系统的进化是森林的自然属性。它的特征是渐进的、连续的。即使遇上一些自然灾害，如闪电雷击，也只能损害一部分树木，一部分森林动物和微生物，一部分森林环境，但整个森林结构不会发生质的变化，依靠森林的自组织能力，能够逐步恢复森林中各组成单元的状态及其对环境的调节能力和影响能力。原始林的发展态势，都是进化的态势；原始林的结构基本上是物竞天择，在自然竞争中形成的进化结构。

健康意味着结构完整和功能正常。健康森林的特征主要体现在它的组成和结构上。组成应以地带性植被的种类为主，结构特征主要表现在它的时空特征上。在空间上它具有水平结构上的随机性和垂直结构上的成层性；在时间上它具有世代交替性。具有这样种类组成和结构的森林是稳定的（具有保持正常动态的能力）、富有弹性（即使经受一定的干扰它也能自我恢复机能）和有活力的。天然林中的原始林或顶极群落就属于这种健康生态系统。

惠刚盈等（2007）提出林分经营迫切性概念并给出了从林分空间结构特征和非空间结构两个方面构建林分经营迫切性框架。这里进一步发展经营迫切性的评价方法，从健康稳定森林的特征出发，充分考虑林分的结构和经营措施的可操作性，提出林分经营迫切性的量化分析方法和评价指数；评价指标包括林木分布格局、树种多样性、树种组成、直径分布、天然更新以及林木的成熟程度等9个的指标（图3-22），通过这几个方面指标的评价，确定现实林分的经营迫切性。

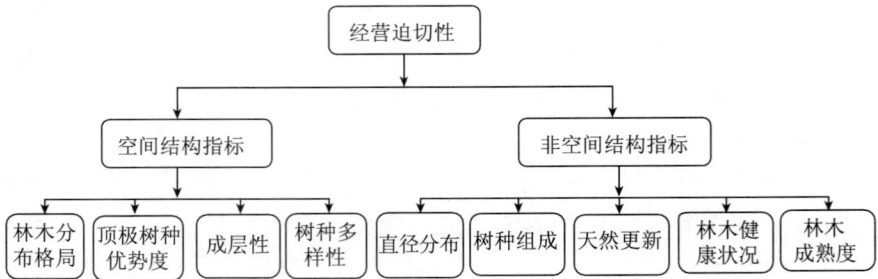

图 3 - 22　经营迫切性评价指标

3.2.7.2　林分经营迫切性评价标准

众多研究表明，发育完善的顶极阶段呈现一个充分发育的顶极群落，其优势树种总体的分布呈现随机格局，各优势树种也呈随机分布格局镶嵌于总体的随机格局之中（张家城等，1999）。显然，林木分布格局的随机性将成为判断林分是否需要经营的一个尺度。角尺度作为一个简洁而可靠的判断林木分布格局的方法，其在经营实践中更具有实用性，因此，对于林分木分布格局的评价以林分的平均角尺度是否落在 [0.475，0.517] 为评判标准。

林分的平均混交度反映林分内树种的隔离程度（Gadow，1992），运用修正的林分混交度不仅可以反映林分的树种隔离程度，也可以反映的树种多样性（惠刚盈等，2007）。$\overline{M'}$ 的值在 [0，1] 之间，越大表明林分混交度、树种多样性越高。一般而言，树种隔离程度越高，树种多样性越高，林分越稳定；以 $\overline{M'}$ 作为评价林分树种多样性的指标，并以 $\overline{M'} = 0.5$ 作为林分是否需要进行经营的评判标准，即当 $\overline{M'}$ 大于 0.5 时，森林不需要经营。

大小比数反映林木个体的大小分之程度，将大小比数与相对显著度相结合，依树种统计可分析林分内树种的优势程度（惠刚盈等，2007）。树种优势度的值在 0~1 之间。接近 1 表示非常优势，接近 0 表示几乎没有优势。以林分中顶极树种（组）或乡土树种的优势度是否大于 0.5 作为林分是否进行经营的评判标准，大于 0.5 不需要经营，否则需要提高顶极树种的优势程度。

垂直结构用林层数来表达。林层数的定义为由参照树及其最近相邻 4 株树所组成的结构单元中，该 5 株树按树高可分层次的数目（惠刚盈等，2007）。以林分的平均林层数大于等于 2 作为评判标准，即林分是否为复层林，当林层数大于等于 2 时，不需要经营。

大多数天然林直径分布为倒"J"形，即株数按径级依常量 q 值递减，所以，理想的直径分布应该保持这种统计特性，Liocourt 认为，q 值一般在 1.2~1.5 之间，也有研究认为，q 值在 1.3~1.7 之间（汤孟平，2007；Smith，1979；Michael，1990），这里把 q 值是否落在 1.2~1.7 之间作为林分是否需要经营的评价标准，即当 q 值没有落在该区间内则林分的直径分布需要调整。

树种组成是森林的重要林学特征之一（Hekhuis，1999），林分树种组成用树种组成系数表达，即各树种的蓄积量（或断面积）占林分总蓄积量（或断面积）的比重，用十分法表示（孟宪宇，1996）；当组成系数表达式中够 1 成的项数大于或等于 3 项时则不需要经营 否则，需要经营。

森林更新是一个重要的生态学过程，一直是生态系统研究中的主要领域之一。森林更新状况的好坏是关系到森林可持续发展与生态系统稳定的一个关键因素，同时也是衡量一种森林经营方式好坏的重要标志之一。国家林业局资源司在《森林资源连续清查技术规定》中根据幼树幼苗的数量将天然更新分为良好 [幼苗数（株）>4000]、中等 [2000<幼苗数（株）<4000] 和不良 [幼苗数（株）<2000] 3 个等级。将林下更新是否达到了中等或中等以上作为评价标准，即当天然更新为中等或良好时，不需要经营，否则，需要经营。

林分内林木的健康状况主要是通过林木体态表现特征如虫害、病腐、断梢、弯曲等来识别。这里以不健康的林木株数比例超过 10% 为评价标准，即当不健康林木株数比例超过 10% 时需要对林分进行经营，否则不需要经营。

林木成熟是森林经营工作中一个重要的林学指标和经济指标。在合理组织林业生产、实现可持续利用的过程中，只有运用生态学、林学和经济学知识解决了什么时候森林成熟，什么时候采伐森林最有利，才能进一步全面地解决森林经营森林利用问题。同时，由于森林成熟表示在一定的经济和自然条件下林木生产持续时间的一种标志，因而成为合理森林采伐利用重要依据之一。森林成熟根据不同的经营目标可分为不同的种类，例如数量成熟、工艺成熟、自然成熟、更新成熟、防护成熟和经济成熟等种类。结构化森林经营在进行经营迫切性评价时将林分大径木的蓄积（或断面积）是否超过全林蓄积（断面积）的70%作为森林采伐利用的标准，即超过70%可以择伐利用个别达到起测胸径的林木，否则，不进行采伐利用。当然，对达到起测径的林木进行择伐利用时要充分以其他评价指标作为约束条件，也就是说还要考虑林木的竞争、分布格局、树种混交等因素，而不是对所有达到起测径的林木都进行采伐利用。

表 3 - 21 为林分经营迫切性评价森林空间结构和非空间结构指标取值标准。

表 3 - 21   林分经营迫切性指标评价标准

评价指标	林分平均角尺度	顶极树种优势度	树种多样性	成层性	直径分布	树种组成	天然更新	健康林木比例	林木成熟度
取值标准	$\overline{W}\in[0.475, 0.517]$	$\overline{U}\geqslant0.5$	$\overline{M}\geqslant0.5$	林层数≥2	$q\in[1.2, 1.7]$	组成系数≥3项	更新等级≥中等	≥90%	大径木蓄积（断面积）≥70%

3.2.7.3 林分经营迫切性评价指数

以上给出了针对结构的某一方面进行调整的标准，而对林分整体的经营则需要综合考虑，为此，特提出了林分经营迫切性指数（M_u），该指数被定义为考察林分结构因子中不满足判别标准的因子占所有考察因子的比例，其表达式为：

$$M_u = \frac{1}{n}\sum_{i=1}^{n}S_i \tag{3-10}$$

式3-10中：M_u 为经营迫切性指数，它的取值介于0到1之间；为第 i 个林分结构指标的取值，其值取决于各因子的实际值与取值标准间的关系，当林分结构指标实际值不满足于标准取值，其值为1，否则为0。

经营迫切性指数量化了林分经营的迫切性，其值越接近于1，说明林分需要经营的迫切性越紧急，可以将林分经营迫切性划分为5个等级(表3-22)。

表3-22 林分经营迫切性等级划分

迫切性等级	迫切性描述	迫切性指数值
Ⅰ（不迫切）	结构因子均满足取值标准，为健康稳定的森林	0
Ⅱ（一般性迫切）	结构因子大多数符合取值标准，只有1个因子需要调整，结构基本符合健康稳定森林的特征	0~0.2
Ⅲ（比较迫切）	有2~3个结构因子不符合取值标准，需要调整林分结构	0.2~0.4
Ⅳ（十分迫切）	超过一半以上的结构因子不符合取值标准，急需要通过经营来调整林分结构	0.4~0.6
Ⅴ（特别迫切）	林分大多数的结构特征因子都不符合取值标准，林分远离健康稳定森林的结构特征	≥0.6

3.2.7.4 林分经营迫切性评价指数应用实例

作为示例，以贵州黎平县高屯镇和德凤镇4个样地为例说明林分经营迫切性评价方法的应用。

（1）研究林分的特征：各样地的林分概况见表3-23，各林分类型的主要树种组成及优势树种的特征见表3-24。高屯镇研究林分为经过轻微干扰并有所恢复的原生性阔叶混交林（样地A、样地B），青冈栎为林分的主要组成树种；德凤镇研究林分为次生性针阔混交林（样地C和样地D），样地C的组成树种较多，马尾松、杉木、西南樱桃、黔桂润楠、枫香等树种株数相对较多；样地D的树种组成以马尾松和麻栎为优势树种，其他主要伴生树种有杨梅、锥栗、西南樱桃等。

表3-23 林分因子基本特征

样地编号	林分类型	树种数	坡度（°）	坡向	海拔（m）	郁闭度	密度（株/hm²）	断面积（m²/hm²）	林分平均直径(cm)	林分平均高(m)
A	阔阔混交	20	13	东北坡	640	0.73	683	25.9	22	13.7
B	阔阔混交	13	12	东北坡	640	0.74	747	30.6	22.8	13.1

（续）

样地编号	林分类型	树种数	坡度（°）	坡向	海拔（m）	郁闭度	密度（株/hm²）	断面积（m²/hm²）	林分平均直径(cm)	林分平均高(m)
C	针阔混交	32	31.7	西北坡	620	0.76	947	8.4	10.6	7.6
D	针阔混交	24	28	北坡	640	0.72	964	11.2	12.2	8.2

表 3-24　不同林分类型主要树种组成

样地	树种组成	优势树种	株数比例(%)	断面积比例(%)
A	青冈栎 Cyclobalanopsis glauca（Thunb.）Oerst.、枫香 Liquidambar formosana Hance、冬青 Ilex purpurea Hassk.、香樟 Cinnamomum camphora（Linn.）Presl、漆树 Toxicodendron verniciflum（Stokes）F. A. Berkley、贵州毛枌 Eurya kueichouensis Hu et L. K. Ling.、西南樱桃 Cerasus duclouxii（Koehne）Yü et Li、杉木 Cunninghamia lanceotata（Lamb.）Hook、泡桐 Paulownia fortuneii（Seem.）Hemsl、檵木 Loropetalum chinense（R. Br.）Oliv.、黔桂润楠 Machilus chienkweiensis S. Lee. 等	青冈	51.2	69.4
B	青冈栎、枫香、冬青、香樟、虎皮楠 Daphniphyllum oldhamii（Hemsl.）Rosenth.、杉木、西南樱桃、女贞 Ligustrum lucidum Ait.、红皮树 Styrax suberifolius Hook. Et Arn. 等	青冈	60.7	84.8
C	马尾松 Pinus massoniana Lamb、西南樱桃、杨梅 Myrica rubra（Lour）Sieb et Zucc、锥栗 Castance henryi（Skan.）Rehd. et Wils.、杉木、麻栎 Quercus acutissima Carr.、枫香、黔桂润楠、光皮桦 Betula luminnifera H. Winkl、白栎 Quercus fabric Hance.、香樟、水冬瓜 Alnus cremastogyne Burkill、刺楸 Kalopanax septemlobus（Thunb.）Koidz.、山合欢 Albizia kalkora（Roxb.）Prain 等	马尾松	13	22.3
		杉木	8.5	13.5
D	麻栎、马尾松、杨梅、锥栗、杉木、西南樱桃、枫香、黔桂润楠、光皮桦、白栎、香樟、水冬瓜等	麻栎	34.9	21.3
		马尾松	22.8	45.6

（2）研究林分经营迫切性评价结果与分析：对贵州黎平县高屯镇和德凤镇 4

个不同林分类型的郁闭度、林分平均角尺度、顶极或建群种的优势度、林分的成层性、直径分布、天然更新幼树幼苗以及林分中健康林木状况进行调查，并对林分经营迫切性进行分析，结果见表 3-25。

表 3-25 不同林分类型经营迫切性评价指标值

样地	林分结构因子实际值/林分结构指标的取值（S_i）								
	林分平均角尺度	优势度	树种多样性	成层性	直径分布	树种组成	天然更新	健康林木比例(%)	林木成熟度
A	0.506/0	0.636/0	0.580/0	2.6/0	1.117/1	7 青冈 3 其他/1	良好/0	81.5/1	68%/0
B	0.515/0	0.729/0	0.487/1	2.3/0	1.107/1	8 青冈 2 其他/1	良好/0	76.8/1	67.9%/0
C	0.555/1	0.378/1	0.715/0	1.8/1	1.565/0	2 松 1 杉 7 其他/1	良好/0	89.9/1	5.9%/0
D	0.536/1	0.586/0	0.557/0	1.9/1	1.395/0	5 松 2 栎 3 其他/1	良好/0	79.3/1	20.2%/0

由表 3-25 可以看出，4 个林分的经营迫切性指数处于不同的等级，林分 A 的经营迫切性指数值为 0.33，经营迫切性评价等级为比较迫切，林分 B、C 和 D 的经营迫切性评价指数分别为 0.44、0.55 和 0.44，经营迫切性评价等级均为十分迫切。分析 4 个林分的结构因子可以看出，4 个不同林分类型的幼树幼苗更新状况均良好，但健康林木的比例都没有达到健康林分的要求，造成林木个体健康水平较低的主要原因是 2008 年 1 月中旬至 2 月上旬，我国南方遭受了 50 年一遇的低温雨雪冰冻灾害，在贵州为百年一遇，林木遭到了较严重的破坏，大量林木落叶、断枝、断梢、倒伏甚至断干，个别林木还遭受病虫害的困扰，林分的整体健康水平下降，需要针对受损林木采取清理、修枝、更新复壮、补植等相结合的措施来提高林分的健康水平；林分 A 中的树种组成和直径分布没有达到标准值，林分中青冈的比例达到 7 成，说明树种组成比较单一，且林分的直径分布不尽合理，林分中大径级的林木蓄积没有达到总蓄积有 70%，也不可进行采伐利用；其他指标均满足健康林分的要求，不需要进行调整；林分 B 与 A 类似，树种组成中青冈的比例高达 8 成，达到了纯林的标准，此外，林分 B 的树种多样性和直径分布也没有满足标准值，因此，林分 B 除需要提高林分的健康水平外还需要提高林分的混交程度和树种多样性，降低青冈的比例，此外，还需要通过调整林木的竞争关系使直径分布趋于合理；林分 C 中林木个体呈团状分布，顶极树种或乡土树种在林分中的优势不明显，树种组成项数没有达到标准，也就是说林分中蓄积或断面积占一成以上的树种只有 2 个，没有达到标准；林分分层不明显，需要通过调整林木的水平分布格局和降低顶极树种或乡土种的竞争压力，同时采取天然更新、人工促进更新、补植等相结合的措施提高林木健康水平；林分 D 存在的问题除林木健康水平低外，主要是林分中

的林木分布呈团状，树种组成不合理，成层性不明显，需通过结构调整使林木分布格局由团状向随机转变，增加林分的垂直分层并调整林分中树种组成，使之趋于合理。

3.3　林分状态类型划分

林分自然度评价把不同的林分状态划分为疏林状态、外来树种人工纯林状态、乡土树种纯林或外来树种与乡土树种混交状态、乡土树种混交林状态、次生林状态、原生性次生林状态、原始林状态等 7 个类型，对应于我们平常讲的林分类型可将它们归纳为四种，即低质低效林、人工林、次生林和原始林，本节将针对每种林分状态类型的特点给出相应的培育模式。

3.3.1　疏林状态林分培育模式

在各种次生裸地上发育的处于演替早期或发生逆行演替的植物群落，或是由于受到持续的、强度极大的人为干扰或由于遭受火灾、风灾、雪灾、病虫鼠害自然灾害的破坏，地带性植被群落或人工栽植而成的林分被破坏殆尽后形成的林分，乔木树种组成单一且郁闭度较小，林分内生长大量的灌木、草本和藤本植物，偶见先锋种，林分垂直层次简单，林相残破，迹地生境特征还依稀可见，但已经不明显，林分状态多呈现灌木林、疏林或残次林，其实质为低质低效林。对于此类林分通常采取以下经营模式：

3.3.1.1　全面清理，更换树种

这种经营模式适用于非目的树种占优势而无培育前途的残破林分。根据培育目标，通过全面清理林地中的灌木和生长不良的非目的树种，对目的树种的幼树、幼苗进行保留，并根据适地适树的原则选择多个适生树种进行混交造林；在实施时，采用的主要技术措施包括补植、疏伐间伐、重新造林和加强管护等，其目的在于改变主要组成树种，改善整个林分的生长状况，加速林分进展演替速度，提高林分的各种功能和效益。这种方法一般适用于立地条件较好，地势平坦或植被恢复较快的地方，在坡度较大的林地不宜采用，易引起水土流失。

3.3.1.2　带状清理，割灌造林

这一模式主要适用于坡度较大，立地条件较好的灌木林地。通过在灌木林地中每隔一定的宽度进行带状割草除灌，保留有益的母树、幼树和细苗，在山脊两侧保留一定宽度的边际隔离带，穴状整地，按一定的密度栽植乡土适生树

种。有研究表明，带状割灌改造有利于提高林分的树种多样性和混交程度，有利于保持保护当地的稀有种与濒危树种，对恢复当地的地带性植被组成具有重要意义。

3.3.1.3　封山育林，自然恢复

对于立地条件较差，坡度较陡，人为不合理的开发利用、过度放牧等人为活动频繁造成植被严重破坏，植被稀疏，生产力低下，地表裸露，水土流失严重，水源涵养功能减弱的林地，适宜采用封山育林，自然恢复的方法。对于此类林分应尽可能的减少人畜干扰和破坏，长期进行管护和封育，给林地植被创造才能"休养生息"的环境，采取必要的人工促进天然更新，促进植被自然恢复，从而提高林分的整体功能。

3.3.2　人工林近自然化改造模式

人工林近自然化改造的主要目标是将林分现有的单一树种改变为多树种混交，将同龄林改变为异龄林，将单层的垂直结构改变为乔、灌、草结合的多层结构，提高林分的生物多样性和林分质量，增加林分的稳定性，改善林地环境，充分发挥林分的各种生态服务功能。对于人工林而言，不同的造林方式、培育目标，其改造方式和经营方向不同，但对于以提升生态效益为主要目标的人工林而言，它们最终的改造目标是一致的，即培育健康稳定的森林。在自然度评价中，外来树种人工纯林状态、乡土树种纯林或外来树种与乡土树种混交状态、乡土树种混交林状态等4种林分状态为人工林在不同造林和经营方式下形成的林分，运用结构化森林经营的方法对不同状态人工林进行近自然化改造侧重点有所不同，但其最终目标是将人工林培育成以地带性植被为主的异龄复层多树种混交林，使林分的生态、经济和社会效益同时得到提升。下面从树种结构、直径结构、林分空间结构和林下更新等几个方面阐述人工林近自然化改造模式。

3.3.2.1　伐大留小，更新树种

一般而言，人工林大多数是依据适地适树的原则选择适合当地气候、土壤、水分等诸多生长环境条件的树种进行造林后形成的林分，但以木材生产为主要目标而营造的人工林很多是通过引种外来树种而成的林分。在对外来树种纯林或外来树种与乡土树种混交的林分进行近自然化改造时，通过采伐外来树种大径木，保留小径木和乡土树种，削弱外来树种的优势并使其逐渐退出群落，达到更新树种的目的，同时，将人工林的分布格局由均匀分布向随机分布或轻微的团状分布调节；此外，还要引入其他乡土树种，增加林分的混交程度，并保

证林分能够形成持续的天然更新能力，逐步诱导林分向异龄混交复层林发展。对于此类人工林改造时，抚育采伐的强度可以稍微大一些，但一定要保持在合理的范围之内，保证林分的郁闭度在0.5以上，以免造成水土流失。

3.3.2.2　伐小留大，伐密留稀，多树种混交

对于以乡土树种为主的人工纯林近自然化改造要在充分考虑森林的演替规律的基础上，根据林分的立地条件及所处的气候区来确定林分树种的构成，采用"伐小留大，伐密留稀"的方法调整林分树种组成，即保留干形通直完满，生长健康胸径较大的林木，采伐生长差，干型不良的小树；调整保留木的角尺度，增加取值为0.75和1的结构单元比例，通过采伐部分最近相邻木，在林中空隙补植其他乡土树种，合理配置保留木或目标树最近相邻木的分布来增加林分的聚集性将林木的分布格局逐步调整为随机分布；在林冠、林隙中栽植其他适生的乡土树种，并促进林下更新，改变林分树种单一的现状，逐渐形成多树种混交的状态。此类林分在改造时采伐强度可以大一些，但不要形成太大的林隙。

3.3.2.3　采劣留优，优化结构，促进天然更新

对在采伐迹地、火烧迹地上以人为播种或栽植乡土树种为主形成的乡土树种混交人工林分进行近自然化改造时，经营方法采用"采劣留优，优化结构，促进天然更新"的经营方法，即伐除林分中生长缓慢，干型、材质差，病腐的林木和非目的树种，保留干型通直饱满，生长健康，生态价值和经济价值高的林木，并在保持林分郁闭度为0.6以上的前提下，针对这些保留木进行分布格局、树种隔离程度和竞争关系调整，达到提高林分多样性，林木分布格局呈随机分布和保留木具有竞争优势的目的；采用天然更新和人工促进天然更新的措施，诱导林分形成良好的自我更新能力。

人工林近自然化改造过程是一个循序渐进的过程，也是一个复杂的系统工程，需要综合考虑各方面的因素，对于树种结构和空间结构的调整都需要很长的时间来完成，因此，在人工林改造时对乡土树种的引入也要循序渐进，在不影响林分正常发育的前提下，逐步提高林分的混交比例，促进林下更新，最终形成多树种复层异龄混交林。

3.3.3　次生林培育模式

次生林是在原始林经过采伐、开垦、火灾及其他自然灾害破坏后，经过天然更新，自然恢复形成的次生群落。次生林既保持着原始森林的物种成分，又

与原始森林在结构组成、林木生长、生产力、林分环境和生态功能等方面有着显著的不同。次生林可以理解为原始森林生态系统的一种退化（朱教君，2002）。次生林是我国森林资源的主体，是森林资源的重要基地，因此，次生林的经营问题是我国林业发展的最重要主题之一（黄世能等，2000）。

次生林的发生发展包括两种过程：一种是群落退化，即逆行演替；另一种是群落发生，即进展演替或恢复演替。次生林大都是处于演替过程中的某个阶段，因此，不同干扰程度、不同演替阶段，次生林的特征有所不同，但与原始林相比，次生林也有许多共同等点，主要表现在树种组成成分较简单，无性繁殖起源林分较多，实生繁殖起源较少；中幼龄与同龄林林分较多，成熟林较少；林分水平结构复杂多样，垂直结构较为简单，林木早期生长较快，但衰退也较早等特点。因此，对次生林的经营应该在人工促进次生林分进展演替，加速次生林分向顶极群落发展的前提下，按照林分状态特征和经营目的划分为不同的经营类型。结构化森林经营方法针对处于次生林状态和原生性次生林状态的林分经营时，注重改善森林的空间结构状态，以调节林分内顶极树种和主要伴生树种的中大径木的空间结构为主，保持建群树种的生长优势并减少其竞争压力，促进林分健康生长。结构化森林经营方法针对次生林主要有如下几种经营模式：

3.3.3.1 抚育间伐型

林分密度、郁闭度较大，主要以乡土树种或地带性群落组成为主的次生林分，通过抚育间伐调整林分结构。调整中，按照结构化森林经营的原则，保留干型良好、饱满通直，生长健康的建群树种和主要伴生树种，伐除生长不良，没有培育前途的林木，利用天然更新或人工促进天然更新的措施提高林分的更新能力，同时要注重调整林分中林木的分布格局、树种隔离程度和竞争关系，促进林分结构向健康稳定森林结构逼近。

3.3.3.2 抚育采伐利用型

树种组成以地带性植被群落为主，郁闭度较高，林分更新较好，林分中有较多成熟林木个体的林分，采用择伐的方式对部分群团状分布的成熟林木个体和对顶极树种构成竞争的主要伴生树种的大径木进行采伐利用，同时，充分考虑林分的空间结构，针对顶极树种、主要伴生树种和珍贵稀有树种进行调整，合理配置树种组成，优化林分空间结构，促进林分向健康稳定群落发展。林分更新主要以天然更新为主，择伐强度控制在林分蓄积的20%以内。

3.3.3.3 改造型

树种组成以先锋树种和伴生树种为主，偶见顶极树种，郁闭度较低、生产力低下、林木质量低劣，但仍保持有原始林生境特征的林分，采用引进地带性顶极树种措施，改变现有林分树种组成，诱导林分逐步形成以地带性植被组成为主，具有自我更新能力，多树种混交的异龄复层林，充分发挥林地的生产力，提升林分的整体功能。

3.3.3.4　封育型

对于处于原生性次生林状态的林分而言，处于次生林向原始林过渡的中间状态，是由于原始林受轻度的外界干扰或次生林得到了较好的恢复而形成的林分。森林生态系统具有一定的自我恢复能力，当外界干扰一旦消失，就会恢复到健康稳定的状态，因此，对于此类林分主要以封育为主，将外界干扰减小到最低程度，让林分自然恢复。

3.3.4　原始状态林分保护

原始林是在不同的原生裸地上经过内缘生态演替，逐步趋同，最后形成地带性过熟而稳定的森林植被，是长期受当地气候条件的作用，逐渐演替而形成的最适合当地环境的植物群落，生物与生物之间、生物与环境之间达到了和谐的十分复杂的森林生态系统。处于原始林状态的林分受到人为干扰或影响极小，其特征是在各种自然干扰下长期发展的结果，有着其自然的合理性。但由于人类对森林生态系统的干扰无时无刻不在，我国原始林已很少，现有的原始林多位于人迹罕至、交通不便的偏远地区。因此，对于处于原始林状态的林分，需尽可能的保护，除进行必要的科学研究外，原始林区内实施严格的封育，不应有人为干扰活动。

3.4　森林经营方向确定

结构化森林经营在详尽分析现有林的状态特征的基础上，以原始林或顶极群落的结构特征为模版，注重改善林分结构，尤其注重调整林分的空间结构。在经营实践中，通过对林分的调查和分析，林分自然度评价明确了林分的经营类型，林分迫切性评价回答了林分需要经营的紧急程度，并可确定需要调整的指标，因此，林分自然度评价和林分经营迫切性评价是确定森林经营方向的依据。根据林分自然度和经营迫切性的评价结果，追溯现实林分结构特征，不满足于原始群落或顶极群落结构特征的指标，或者说不满足于评价标准的指标，即可确定为需要调整的内容，也就是现实林分经营调整的方向。

下面以模式林分存在与否分别介绍森林经营方向的确定方法。

3.4.1 模式林分存在时经营方向的确定

如果同地段存在原始林，那么原始林的状态特征就是森林经营的方向。首先对现实林分与原始林或顶极群落的状态特征进行调查，利用存在参照系时林分自然度的评价方法，对现实林分的自然度进行评价，比较现实林分与原始林或顶极群落在结构、树种组成、树种多样性、活力和干扰程度等方面的差异（图3-20），并进行林分经营迫切性评价。根据林分自然度评价和经营迫切性评价结果，现实林分各评价指标与原始林或顶极群落差异较大，该指标即为调整或经营的对象，采用适当的经营措施进行调整，使之与天然林结构趋同。当然，这里以原始林或顶极群落为模版并不是要将现有林分回归到天然原始的森林类型，而是通过抚育、采伐等措施使林分在树种组成、结构特征、多样性等方面与天然林特征相似，并建立起自然的发展动态和干扰机制，使森林能够按照森林生态系统的自然规律和演替进程发展，最终达到一种动态平衡的状态。

以甘肃小陇山锐齿栎天然林分为例说明存在参照模式林分时的经营方法。如前所述，小陇山林区王安沟锐齿栎天然林分可以认为是原始林或顶极群落，作为响潭沟皆伐后天然更新林分和白营西沟择伐林分的经营模版。表3-26列出了3个林分的基本特征，表3-27为响潭沟林分与白营西沟林分的自然度评价结果。

表3-26 3个锐齿栎林的林分特征

样　地	林分因子					
	坡度 （°）	平均海拔 （m）	郁闭度	公顷断面积 （m²/hm²）	密度 （株/hm²）	平均胸径 （cm）
王安沟	37	1900	0.90	22.6	1336	14.7
响潭沟	39	1580	0.80	23.7	1101	18.1
白营西沟	38	1690	0.81	22.5	1204	14.8

表3-27 不同林分类型与参照系的差异及自然度

林　分	树种组成	结构特征	树种多样性	活力	干扰程度	平均差异	自然度
响潭沟皆伐后天然更新	0.525	0.180	0.086	0.110	0.500	0.247	0.753
白营西沟天然林择伐	0.544	0.205	0.205	0.104	0.774	0.313	0.687

通过各林分自然度评价可以看出，响潭沟皆伐后天然更新林分与王安沟林分的主要差异表现在树种组成、干扰程度和结构特征上，但总体来说，两个林分的平均差异并不大，只有24.7%；因此，对于响潭沟林分来说，经营方向应该是调整树种组成和林分结构，减少林分的干扰；进一步分析这几个方面的指标，树种组成中，响潭沟林分中顶极树种和伴生树种的株数组成与参照模式相近，但它们的断面积组成相差较大，在响潭沟林分中顶极树种的断面积比例较大而伴生树种的断面积比例较小，说明在响潭沟林分中顶极树种的个体较大，可通过采伐利用一部分接近成熟的林木来调整树种组成和竞争关系，这样的方式既可以达到调整林分结构的目的，也可以产生一定的经济效益；对于林分干扰程度来说，这两个林分主要差异是在林分中枯立（倒）木的数量，由于响潭沟林分是皆伐后天然更新的林分，年龄较小，林分中很少或几乎不存在枯立（倒）木；对于枯立（倒）木的数量在经营时不必刻意的去追求，随着进展演替进展和时间的推移，以及林内树种间种内的竞争，林内自然会出现。对于结构特征来说，两个林分的差异主要是林木的分布格局，王安沟林分总体上表现为随机分布，而响潭沟林分则为轻微的团状分布，因此，在进行经营调整林木的分布格局也是主要的一个方面。白营西沟林分是天然林经过几次大强度择伐后形成的林分，由上表可以看出，该林分与王安沟林的差异主要表现在干扰程度、树种组成、结构特征及树种多样性等方面。由于白营西沟在历史上经历了3次强度在30%左右的择伐，择伐时还对林分进行了清理，因此，林内很少有枯立（倒）木，从采伐强度和次数来说，是体现了历史上林分的受到人为干扰的程度；树种方面，白营西沟林分的顶极树种无论是在的株数比例还是在断面积比例方面都较王安沟林分的比例高，而伴生树种则比例较低，由此说明，由于不合理的择伐造成了林分树种组成向简单化方向发展，经营时应该降低顶极树种的比例，增加其他主要伴生树种；结构特征方面，该林分与王安沟林分主要的差异在直径分布方面，由于不合理的择伐，白营西沟林分的直径分布呈不规则的山状曲线（图3-23），林分中有"霸王木"存在，不能运用负指数方程进行拟合；在进行经营时，结合树种组成调整，伐除个别径阶多余的林木，诱导林分直径分布向典型异龄林直径分布特征发展；在树种多样性方面，白营西沟的树种多样性较低，也是由于不合理的择伐利用导致树种多样性下降，在经营过程中可以通过补植乡土树种、人工促进天然更新等方法，提高林分的树种多样性。

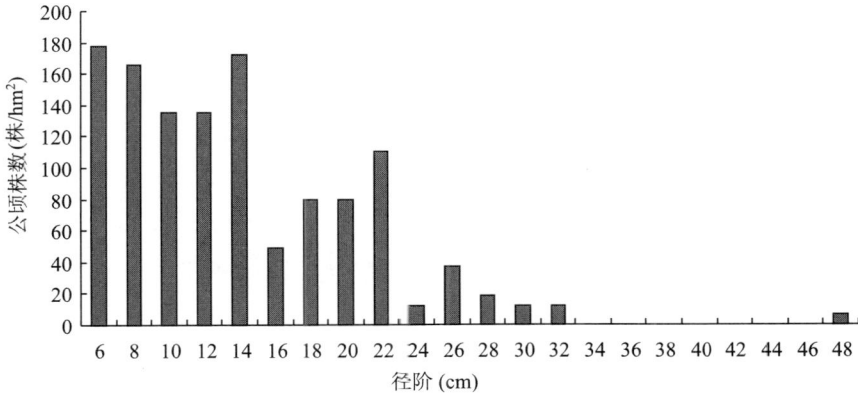

图 3 - 23 白营西沟锐齿栎林林分直径分布图

总之，当有参照系存在时，要以参照林分的特征为经营方向，综合考虑林分各个指标，使林分的特征向参照林分的特征发展。

林分结构的调整是一个复杂的过程。上面阐述的仅仅是几个主要方面单独进行调整的方法。在实际中，一方面要抓住主导因子，另一方面需要同时考虑多个因素。

在利用计算机进行经营方案优化时，林分空间结构优化的目标函数是：

$$Q(g) = \left| \overline{W} - 0.5 \right| + \frac{\overline{U_c}}{U_{c-0}} + \frac{\overline{U_a}}{U_{a-0}} + \frac{\overline{M_0}}{M} \tag{3-11}$$

式中：g——样地林木向量；

$\overline{W}$——林分平均角尺度；

$\overline{U_c}$、$\overline{U_a}$——分别代表顶极种与主要伴生种的中大径木的竞争树大小比数；

$\overline{U_{c-0}}$、$\overline{U_{a-0}}$——分别代表林分在调整前的顶极种与主要伴生种的中大径木的竞争树大小比数；

$\overline{M_0}$——代表调整前林分平均混交度；

$\overline{M}$——林分平均混交度。

约束条件：

① $N \geq N_0$（1% ~ 20%）

② $G \geq G_0$（1% ~ 15%）

③ $N_c \geq N_{c-0}$（1% ~ 5%）

④ $\overline{U_c} \leq \overline{U_{c-0}}$

⑤ $\overline{U_a} \leq \overline{U_{a-0}}$

⑥$\overline{M} \geqslant \overline{M}_0$

⑦$T = T_0$

⑧$CI_c \leqslant CI_{c-0}$

目标函数取最小值使空间结构最优。约束①表示调整株数限制为弱度；约束②防止仅采大树的极端情况；约束③表示最大限度地保留顶极树种的数量；约束④表示调整后保证顶极树种的处于优势；约束⑤表示主要伴生树种的中大径木处于优势；约束⑥表示混交度不降低；约束⑦表示树种个数不减少；约束⑧表示顶极树种受到的竞争压力减少。

3.4.2　模式林分不存在时经营方向的确定

当现实林分所在地段不存在原始林群落或顶极群落时，首先要对经营林分的状态特征进行全面的分析，从林分的树种组成、结构特征、多样性、活力特征及干扰程度等5个方面进行林分自然度的评价，确定林分经营类型，并进行林分经营迫切性评价。如果林分的近自然度等级较高且经营迫切性指数属于一般性迫切，则林分不需要进行经营，只需要进行合理的保护和利用即可，当然，在进行采伐利用时要求大径木的蓄积（或断面积）达到林分总蓄积（或断面积）的70%以上，否则不进行采伐利用。当林分的自然度评价等级较低，林分经营迫切性评价等级在比较迫切以上等级时，要追溯造成林分自然度等级较低和经营迫切性指数较迫切的指标，制定相应的经营措施。

3.5　林分结构调节技术

3.5.1　保留木与采伐木确定原则

结构化森林经营方法在经营设计时首先要明确林分中的培育和保留对象，然后依据针对顶极种和主要伴生种的中、大径木进行竞争调节的经营原则，按照林分自然度和经营迫切性评价结果确定的经营方向调整林分的结构，尤其是林分的空间结构。

3.5.1.1　培育和保留对象

（1）稀有种、濒危种和散布在林分中的古树。为了保护林分的多样性和稳定性，禁止对这些树种的林木进行采伐利用。例如在阔叶红松林区，黄波罗是国家二级保护植物，属于濒危物种，林分中数量较少；在小陇山锐齿栎天然林区，刺楸、武当玉兰、四照花、铁橡树、领春木等均为珍贵濒危树种。对于珍贵濒危树种应着重保护和培育，严格禁止采伐利用；在一些天然林分中，散布着少量树龄高达百年甚至几百年的古树，从森林景观及森林文化内涵的角度来说，这些古树应该严格保护，禁止采伐利用。

（2）顶级树种。顶极树种中具有生长势和培育价值的所有林木。具有生长优势是指生长健康，干形通直完满，生长潜力旺盛；具有培育价值是指同树种单木竞争中占优势种地位。不同地区有不同类型的森林群落分布，同一地区因局部环境的不同也会有不同的群落类型，每种类型森林群落的演替过程中优势种的变化也有区别。所以在判断经营林分的顶极树种时，必须根据《中国植被》或描述该地区森林类型特征的相关著作，了解经营区的森林群落类型和顶极植被。例如在东北阔叶红松林区，红松、沙冷杉等针叶树种为该地区的顶极树种，在小陇山天然林区是以锐齿栎和辽东栎为主的天然林，而处于亚热带的贵州省原始森林植被为典型的常绿阔叶林，顶极树种以钩栲、罗浮栲、青冈栎、米槠、甜槠、贵州栲等为主。因此，确定顶极树种是确定保留和培育的对象的关键环节。

（3）其他主要伴生树种的中、大径木。主要伴生树种与顶极树种保持着密切的共生互利关系，是群落演替过程中不可缺少的物种；有些树种虽然经济价值不高，但对于维持森林群落的稳定和生物多样性具有重要的意义。例如在东北阔叶红松林区，伴生树种组主要包括水曲柳、核桃楸、色木槭、千金榆、白牛槭、青楷槭、裂叶榆、白皮榆、椴树等；水曲柳、核桃楸和珍贵树种黄波罗这3种阔叶树，材质坚硬，色泽美观，为优良材中的上品，是重要的经济树木，在东北林区一直享有"三大硬阔"的美称，是重点培育的对象；而其他几个树种为中、小乔木，经济价值也不是很高，但保留和培育一部分中大径木对维持群落生物多样性具有一定的意义。

3.5.1.2 可进行采伐利用的林木

（1）除稀有种、濒危种及古树外的所有病腐木、断梢木及特别弯曲的林木。林分中顶极树种、主要伴生树种中单株林木出现病腐现象，为防止病菌滋生和漫延，应立即伐除病腐木，改善林分的卫生状况；对于断梢木和特别弯曲的个体，由于已失去了生长优势和培育前途，在经营时也可采伐，不仅可以促进林下更新，而且还可以产生一定的经济效益，当然这也许会增加一些抚育成本，但从长远来看，获得的效益还是远大于投入的成本。

（2）达到自然成熟（目标直径）的树种单木。结构化森林经营并不排斥木材生产，而一种既要有效保护森林，又能对其进行合理经营利用、保护性而不是保守性的经营方法。林分中的单株林木都要经历幼苗、幼树、成熟、衰老，然后逐渐枯萎死亡的过程；在林木进入自然成熟后，林木生长势下降，高生长停滞，生长量减少，梢头干枯，甚至出现心腐现象，因此，结构化森林经营技术要求在林木个体达到自然成熟时，对顶极树种、主要伴生树种的培育目标树进行采伐利用。对于不同的树种来说，由于生物学特性的不同，达到自然成熟的年龄和直径不同；对于不同的地区来说，由于立地条件的不同，相同的树种在不同的地区可能达到自然成熟的年龄也不同；确定单株林木的自然成熟通常可以从树木的形态上来判断，或根据树种的特性及立地条件来确定。例如在东北阔叶红松林区，将顶极树种红松、沙冷杉等的目标胸径确定为大于80cm，而主要伴生树种的培育目标直径为大于65cm。

（3）影响（树冠受到挤压的）顶级树种及稀有种、濒危种生长发育的其他树种的林木，尽量使保留的中大径木的竞争大小比数不大于0.25，即使保留木处于优势地位或不受到遮盖、挤压威胁，使培育目标树尽可能的获得生长空间。

（4）影响其他主要建群种中大径木生长发育的林木，尽量使采伐后保留木最近4株相邻木的角尺度不大于0.5（即该4株林木不挤在一个角或同一侧），为提高混交度和物种多样性，优先采伐与保留木同种的林木，也就是说，在调整培育目标树最近4株相邻木时，综合考虑林木的分布格局和混交情况，尽量伐除挤在同侧且与保留木或目标树为同个种的林木。

3.5.2 林木分布格局的调整方法

林木分布格局是林分空间结构的一个重要方面，是种群生物学特性、种内与种间关系以及环境条件综合作用的结果。格局的研究或调整是群落空间行为研究或调整的基础；过去虽对现有林结构调整进行了大量的研究，但多数是按定性的原则而不是根据格局分析结果来进行分布格局的调整，更谈不上直接通过格局调查来指导结构调整。原因之一是缺乏可释性强的格局指数，因为经典的格局指数通常是一个数值，不存在具有明确涵义的单个值的分布，从而难以实现指导调整。随着新的空间结构参数角尺度的发现，出现了以空间结构参数为基础的采伐木选择方法，为实现调整林木分布格局提供了切实可行操作技术。下面给出应用角尺度实现林分空间结构的调整的方法。

通常情况下，林分如果不受严重干扰，经过漫长的进展演替后，顶级群落的水平分布格局应为随机分布。因此，格局调整的方向应是将非随机分布的林分调整为随机分布型，也就是应将左右不对称的林分角尺度分布调整为左右基本对称。在进行林木分布格局调整时主要针对顶极树种和主要伴生树种的中、大径进行调整，并不需要对林分内的每株林木进行调整，这样做既没有必要，也不现实。

下面介绍运用角尺度法对林木水平分布格局调整的方法。

首先分析林木的水平分布格局，判断所经营林分的角尺度分布是否是随机分布，0.5取值的两侧是否对称，如果不是，则将分布格局向随机分布调整，原有的随机分布结构单元尽量不做调整，主要是平衡格局中团状和均匀分布的结构单元的比例，促进林分的角尺度分布更为均衡。下面举例说明：

3.5.2.1　林木团状分布的调整方法

现实林分调整前属于团状分布，即林分平均角尺度大于0.517，则林分中角尺度为1或0.75的单木为潜在的调整对象（图3-24），也就是说，当目标树确定后，如果其最近4株相邻木聚集分布在参照树的一侧，则对其最近4株相邻木中的一株或几株进行调整，调整时要综合考虑竞争关系、多样性和树种混交等因素。

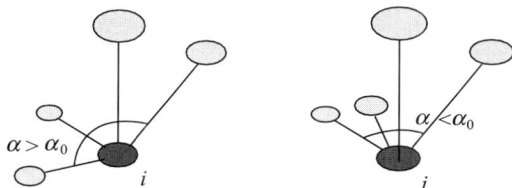

图3-24 团状分布时潜在调整对象

图3-25 为团状分布林分进行格局调整前后的示意图。

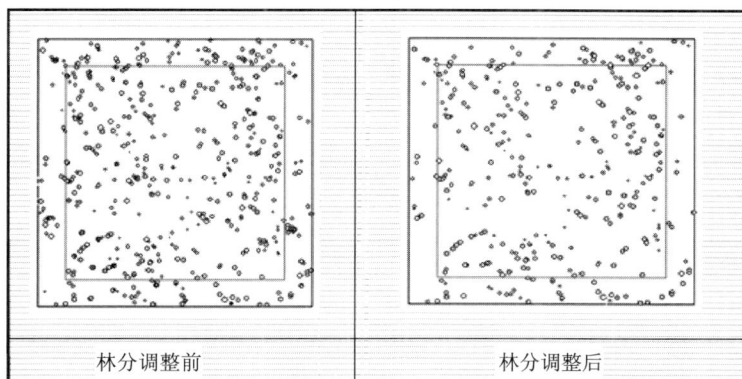

图3-25 调整前后比较

图3-26 中林分调整前的角尺度平均值为0.533，属于团状分布。调整前角尺度分布中取值0.5的左右两侧频率相差约7%，右侧高于左侧。为了使林分从团状分布向随机分布演变，应调整该林分的空间分布格局，促进角尺度分布左右基本对称，降低 $\overline{W}$ 值，角尺度取值为0.75和1的单木为潜在的调整对象。具体做法是

将角尺度取值为 1 或 0.75 的目标树与其最近 4 株相邻木组成的结构单元作为调整对象，综合考虑目标树与相邻木的混交、竞争关系以及相邻木的个体健康状况等因素，确定调整的相邻木，并将其作为采伐木伐除。上例中，经调整后，角尺度分布中取值 0.5 的左侧频率上升右侧下降，两侧频率差值降为 2%；角尺度取值为 0.5 的单木比例也有所升高，而处于 0.25、0.75 和 1 的比例均有所下降，林分的平均角尺度降至 0.503，林分分布格局转变为随机分布。

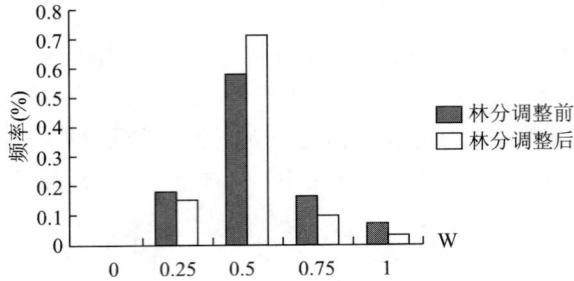

	0	0.25	0.5	0.75	1	$\overline{W}$
林分调整前（%）	0	17.8	58.6	16.3	7.4	0.533
林分调整后（%）	0	15.3	71.5	10.0	3.2	0.503

图 3-26　林分格局调整前后的角尺度分布比较

3.5.2.2　林木均匀分布的调整方法

现实林分调整前为均匀分布（图 3-27）。

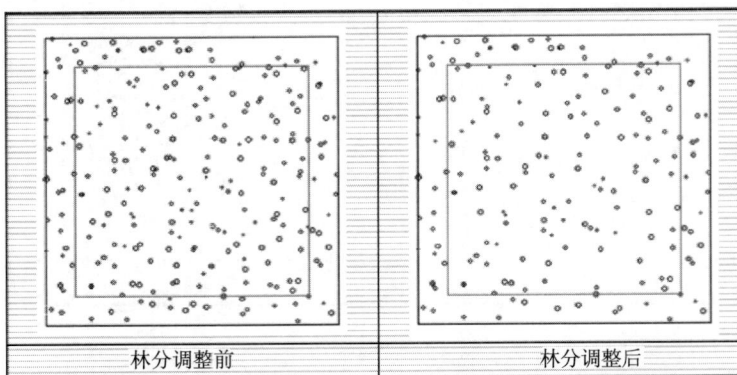

图 3-27　调整前后比较

图 3-28 中，所经营林分调整前角尺度平均值为 0.463，属于均匀分布，调整前角尺度分布中取值 0.5 的左右两侧频率相差 13.6%，左侧高于右侧；取值

0.25 的单木比例比取值 0.75 的单木高 13.6%，角尺度分布中取值 0 的单木比例比取值 1 的单木高 0.6%。为使角尺度分布中 0.5 取值的两侧比例分配均衡，升高 $\overline{W}$ 值，应将林分保留的顶极树种和主要伴生树种的中、大径木角尺度取值为 0.25 和 0 木的最近 4 株相邻木作为潜在调整对象。调整方法遵循"首遇先调"的原则即首先遇到或发现的具有此类特征的结构单元予以优先处理，直到满足调整比例要求。该例中，经调整后，角尺度取值为 0.5 的比例由 54.9% 上升到 57.9%，其右侧频率上升而左侧下降，两侧频率之和基本持平，林分平均角尺度升至 0.504，林木分布格局转变为随机分布。

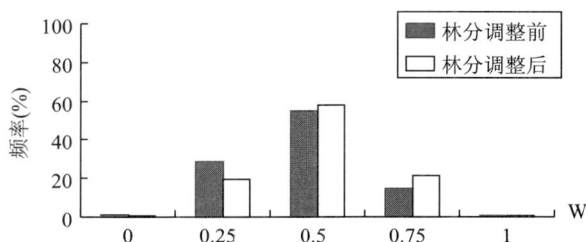

0	0.25	0.5	0.75	1	$\overline{\overline{W}}$
林分调整前（%）	1.2	28.4	54.9	14.8	0.6	0.463
林分调整后（%）	0.8	19.5	57.9	21.1	0.8	0.504

图 3-28　林分格局调整前后的角尺度分布比较

3.5.3　树种组成的调整方法

进行树种组成调整时以地带性植被或乡土树种组成和配置为依据，根据不同情况确定经营措施。

3.5.3.1　林分混交度调整

林分内不缺乏顶级树种或主要建群种的中、大径木，同时还有足够的母树或更新幼苗时，树种组成调节的主要任务就是调节混交度。一般认为，随着演替进展，林分的内各树种间的隔离程度增加，这是稳定森林结构中同一树种单木减少对各种资源竞争的一种策略，也就是说，树种隔离程度越高，林分结构越稳定。因此，当林分组成以顶极树种或乡土树种占优势，林下更新良好时，林分调整方向应该是提高林分混交度，优化资源配置。在进行经营时，将林分中主要树种的混交度取值为 0、0.25 的单木作为潜在的调整对象（图 3-29），然后综合考虑林木的分布格局、竞争关系、目标树培养、树种多样性等因素进行调整。

$Mi=0$, 零度混交
（4株相邻木与参照树为同一树种）

$Mi=0.25$, 轻度混交
（1株相邻木为不同树种）

$M=0$ 或 $M=0.25$ 林木的相邻木属于潜在的采伐对象

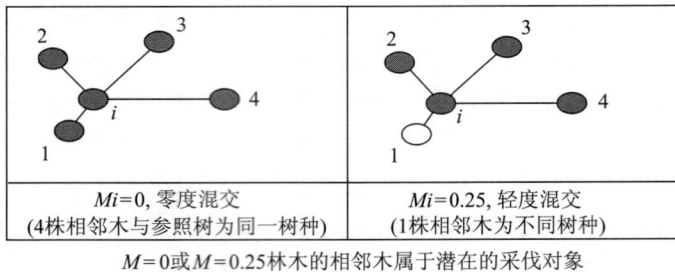

图 3-29　需要调整混交度的单木

对于人工纯林来说，由于树种组成和结构单一、生态功能差，容易引起地力衰退、病虫害等一系列问题，使林学家、生态学家们认识到，依靠经营和培育结构简单的森林，特别是人工纯林是难以实现人类经济社会的可持续发展。因此，在进行人工林近自然化改造时，要依据适地适树的原则，通过在林间空隙、林缘等位置，或通过人为措施在林中伐开空地和林隙，栽植顶极树种或乡土树种，提高林分的树种隔离程度，逐步诱导林分向多树种混交的状态发展，真正做到适地适树，提高林分的生产能力和生态效益。当然这个过程相当漫长，需要长期不懈的努力。

3.5.3.2　调整顶极树种或乡土树种比例

如果所要经营林分内顶级树种或主要伴生树种缺乏中、大径木，而林分内又没有足够的母树或更新幼苗，则必须人工补植顶级树种或主要伴生树种。补植采用"见缝插针"的方法，即根据立地条件、林分格局状况，利用天然或人工形成的林隙，以单株或植生组形式栽植顶极树种或主要建群种的单木。补植的株数根据采伐株数确定，补植的强度应与采伐强度持平或略高以保证相同的经营密度。补植树木的位置应尽量选在林窗或人为有目的造成的林隙中，通常将能促进林分水平格局向随机分布演变的位置视为最佳的位置选择。

3.5.4　竞争关系的调整方法

林木竞争关系调节必须依托于操作性强的并且简洁直观的量化指标。大小比数量化了参照树与其相邻木的大小相对关系，可直接应用于竞争关系的调整。因为大小比数体现了结构单元中参照树与相邻木在胸径、树高或冠幅等方面大小关系，在竞争调节中更富有成效，特别是在目标树单木培育体系中更容易表达目标树与其周围相邻木的竞争关系，在实际操作中容易实现。当然，不可能在森林中针对每株林木个体进行逐株调节，一个富有成效而可行的经营策略显然就是要围绕经营目标，采取针对顶极树种或主要伴生树种的中、大径木来进行竞争关系的调整。调整顶极树种小径木的竞争树大小比数，应以减少目标树的竞争压力、创造适生的营养空间为原则，最大限度地使其不受到相邻竞争木的挤压（图3-30）。调整顶极树种或主要伴生树种的中、大径木时应使经营对象的竞争大小比数不大于0.25（即使保留木处于优势地位或不受到挤压威胁）（图3-31）。

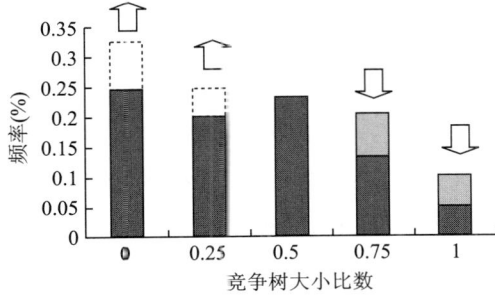

图3-30 竞争调节示意图

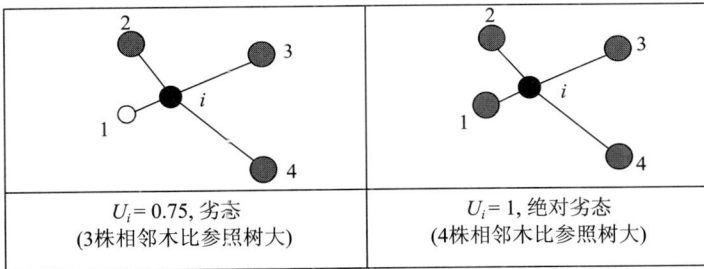

| $U_i = 0.75$，劣态 | $U_i = 1$，绝对劣态 |
| （3株相邻木比参照树大） | （4株相邻木比参照树大） |

$U_c = 1$ 或 $U_c = 0.75$ 林木的相邻木属于潜在的采伐对象

图3-31 需要调整大小比数的单木

大小比数可以用胸径、树高或冠幅等作为比较指标，因此，在调整保留木或目标树的竞争关系时，这几个指标均可作为评判的依据，例如将树冠之间的遮盖、挤压或相距最近的林木认为是竞争树，从而调整目标树与竞争木间的竞争关系；也可以通过把树高作为比较指标作为调整林层结构的依据。把目标树与最近4株相邻木组成的结构单元按树高可划分一定层次。一般而言，林层的划分标准为：树高≥16m为上层，10m≤树高＜16m为中层，树高＜10m为下层。在结构单元中，可按最高林木与最矮林木是否属于同一层可将林层划分3层。复层林被认为是较为稳定且对空间利用较为合理的林分结构，因此，培育复层林层结构是结构化森林经营的方向，通过调整树高大小比数是实现林分垂直分化的一个重要途径，也是调整林木间竞争关系，充分利用林分空间的一个重要手段。

3.5.5 径级结构的调整方法

大多数天然林直径分布为倒"J"形（于政中，1993；Garcia et al.，1999）。所以，经营后的林分的直径分布也应保持这种统计特性。同龄林与异龄林在林分结构上有着明显的区别。就林相和直径结构来说，同龄林具有一个匀称齐一的林冠，在同龄林分中，最小的林木尽管生长落后于其他林木，生长的很细，但树高仍达到同一林冠层；同龄林分直径结构近于正态分布，以林分平均直径所在径阶内的林木株数最多，其他径阶的林木株数向两端逐渐减少。相反，异龄林分的林冠则是不整齐的和不匀称的，异龄林分中较常见的情况是最小径阶的林木株数最多，随着直径的增大，林木株数开始时急剧减少，达到一定直径后，株数减少幅度渐趋平稳，而呈现为近似双曲线形式的反"J"形曲线。因此，在对同龄林或人工林的径级结构调整时，要在保持林分郁闭度为 0.6 以上的前提下，逐步降低胸高直径在平均直径所在径阶范围附近的林木株数比例，同时，保留干形通直完满，生长健康胸径较大的林木，并促进林下天然更新，增加小径木的比例，引入高价值和优良的乡土树种，提高森林生态系统的树种多样性，改善林分结构。

de Liocourt（1898）研究认为，理想的异龄林株数按径级依常量 q 值递减。此后，Meyer（1933）发现，异龄林株数按径级的分布可用负指数分布表示，公式如下：

$$N = ke^{-aD} \qquad (3-12)$$

式中：N——株数；

e——自然对数的底；

D——胸径；

a、k——常数。

Husch（1982）把 q 值与负指数分布联系起来，得到：

$$q = e^{ah} \qquad (3-13)$$

式中：q——相邻径级株数之比；

a——负指数分布的结构常数；

h——径级距；

e——自然对数底。

显然，如果已知现实异龄林株数按径级的分布，通过对（3-12）式作回归分析，求出常数 k 和 a，再把 a 和径级宽度 h 代入（3-13）式可求得 q。de Liocourt（1898）认为，q 值一般在 1.2 ~ 1.5 之间。也有研究认为，q 值在

1.3~1.7 之间（Garcia et al., 1999）。如果异龄林的 q 值落在这个区间内，认为该异龄林的株数分布是合理的，否则是不合理的，需要进行径级结构调整。异龄林径级结构调整时可以通过计算相邻径阶的 q 值来确定，调整相邻径阶株数之比远离合理 q 值的径阶林木株数，使林分中林木株数随着径阶的增加而减少，呈现反"J"形，以此来达到调整林分直径结构的目的。

3.5.6　林分更新

森林更新是一个重要的生态学过程，是森林持续发展与持续利用的基础，森林更新状况的好坏是关系到森林可持续发展与生态系统稳定的一个关键因素，同时也是衡量一种森林经营方式好坏的重要标志之一。森林更新与森林采伐密切相关，不同的采伐方式对应不同的更新方法。保持持续的林下更新能力是结构化森林经营的一个重要的目标。

结构化森林经营方法的抚育采伐方式主要是单株择伐作业或群团状择伐，因此，森林更新的方式比较灵活多样。具体方式依据经营林分类型和经营目标确定。通过对经营林分的更新调查和评价，分析查找更新不良林分的原因，并在了解更新树种的生物学特性的基础上促进林分更新。对人工林而言，主要以人工更新的措施为主，在林间空地、林缘引入乡土树种和顶极树种进行补植补造，辅以天然更新；对于次生林以天然更新为主，人工促进天然更新和人工更新为辅。主要措施是在林分中保留一定数量和质量的母树，提高种源数量和质量，或者在林间空地、林缘引入乡土树种和顶极树种进行补植补造；人工促进天然更新等辅助性措施主要是人为埋种、整地等，例如枯枝落叶物过厚会影响到天然下种后种子的萌发，这就需要通过整地、人为埋种等措施促进林木更新。

3.6　作业设计

通过对现实林分的调查和分析，确定了林分的经营方向，就要组织对林分实施经营措施，为保证在经营过程中严格地按照经营目标安排经营措施，森林经营前的作业设计尤为重要，是森林抚育采伐不可缺少的环节。森林作业设计就是要对不同类型的森林采伐更新进行合理的计划、组织和监督，使森林抚育、采伐利用能够适应森林资源可持续发展的要求，最终实现森林资源越采越多，越采越好。通过采伐作业设计，可以避免采伐作业过程中的盲目性，使森林采伐有利于资源的培育和发展。因此，对森林作业设计必须严格实行计划管理，只有通过科学、合理的计划管理，才能实现森林经营管理的最终目标。

3.6.1　森林经营作业设计类型及内容

森林经营作业设计类型可按照实施的期限长短分为长期规划、中期规划、年度采伐计划和施工作业计划。

（1）长期规划：一般以 10～20 年为期限，主要的规划内容包括：森林分类区与经营布局、合理年伐量及各种经营作业类型比例、木材和其他木质林产品、林区道路建设和维护、森林采伐配套设施建设和维护、伐区森林的恢复等。

（2）中期规划：实施期限为 5～10 年，主要规划内容为林分类型和经营作业区域划分、合理年采伐量调整、各种经营作业类型的时间与空间配置、各年度木材和其他木材林产品的采伐面积和采伐量、林区道路与贮木场修建、经营区森林的恢复等。

（3）年度计划：年度经营作业计划的落实单位是作业区，是森林经营作业设计的主要依据，其主要内容包括经营区位置、经营类型、采伐方式、采伐强度、采伐量、经营作业时间、作业要求等；森林更新计划，包括更新方式、树种、时间及更新后的抚育方式等。

（4）施工作业计划：该计划由经营作业各项工序的施工单位制定，主要依据年度经营计划，在施工作业开始前制定。内容包括：根据已经批准的年度计划，明确作业任务的施工地点、时间和顺序；各施工工段、工组的工程数量、设计资料和现场复查情况、施工时间、规格质量标准、工程造价和劳动定额等；根据作业工程项目和工程量，编制物质材料计划；对作业人员进行作业规程、安全、技术的教育与培训，明确分工，建立岗位责任制度。

3.6.2　抚育采伐作业工艺设计

结构化森林经营是针对顶极树种及主要伴生树种的中、大径进行经营调整。因此，在进行经营作业前首先要根据经营目标对林木进行标记，确定采伐调整对象。具体做法是由 1 名技术人员和 1 名工人组成一个小组，以 10m 为一个经营带，从林班的起点向另一边，标记采伐对象，并记录标记采伐木的胸径、树种等信息，以此来估计采伐量和采伐强度。

（1）采伐方式：结构化森林经营采用的主伐方式为择伐。

（2）采伐强度：只有在林分郁闭度在 0.7 以上才进行经营作业，在保证伐后郁闭不低于 0.6 的前提下，采伐强度控制在 15% 以下。

（3）采伐工艺：在保证安全的前提下定向伐木，树倒方向与集材道最好成一定的夹角（30°～45°）；尽量保护好母树、幼树、保留木及珍稀树种，尽可能的保护和促进天然更新；严格控制伐桩高度，树木伐桩高一般不超过 15cm；

（4）集材方式：集材方式要根据经营单位的生产技术水平和经营区实际特点进行选择；当用一种集材方式不能完成集材作业时，可综合运用几种集材方式进行集材。集材方式分机械集材（包括拖拉机、绞盘机、索道集材等）、人力集材（包括人力板车、人力肩扛集材等）、畜力集材和自然力集材（包括滑道、水力集材等）。

（5）楞场和集材道设计：当大规模进行经营时，根据经营区地形地势特点，并考虑环境保护和更新等因素，要每隔 50～100m 设立一个简易便道，宽度 2～3m，供集材使用。楞场必须设在禁伐区和缓冲区以外，且地势平坦、排水良好，便于作业。

（6）经营区整理：对经营区残留物和造材剩余物要及时整理，能利用的枝丫及其他剩余物及时清出经营区；不能利用的剩余物则根据伐区地形状况和更新要求选择归堆、归带、散铺等适宜方式进行处理；对不再利用的临时性设施要及时关闭；楞场木材剩余物，必须清理干净，疏松土壤以恢复地力。

3.6.3　森林经营作业准备

森林采伐作业是一项技术要求高且危险性较大的工作，在进行采伐作业前，要充分做好采伐前的准备工作，对采伐工人进行采伐技术培训和安全保障培训。

（1）安全保障培训内容：作业过程中的注意事项，包括个人身体安全防护知识，安全帽的佩戴和防护服装的穿着；作业工具的使用规范，严格按照工具和机器使用规则进行操作，并请专业人员做演示示范；作业时间的选择，严禁在雷雨天气进行野外作业，在冰雪天气进行野外作业要做好防寒保护。需要到树干上部或上层林冠进行作业时，要对工人进行严格的培训，并使用专业工作用具和防护器具；

（2）选木挂号方法培训：主要内容包括森林经营方向和任务，保留木与采伐木选择的原则与标记方法；

（3）采伐技术培训内容：主要包括采伐木干基切口位置的确定；伐木倒向的控制，林下更新幼树、幼苗的保护措施，集材、运材及有关伐区管理的规定。

3.7　效果评价

林业生产周期长、见效慢的特点决定了运用功能评价的方法对森林经营活动结果进行评价必然具有一定的滞后性，不能掌握经营活动对森林各项指标的影响，从而不能在经营过程中及时调整经营措施，如果在经营过程中采取的措施不当，往往会造成事与愿违的结果。新的结构建模思想的出现使得传统的功能建模思想受到了很大的冲击，传统的功能评价已转向情景状态的评价（惠刚盈等，2007）。结构化森林经营以培育健康稳定的森林为目标，在林分状态分析的基础上确定林分的经营方向，显然，经营效果的评价自然也应建立在林分状态分析之上。如前所述，林分的自然度从林分的树种组成、结构特征、树种多样性、活力及干扰强度等方面来评价，林分的经营迫切评价也体现了这几个方面，因此，对森林经营的效果也应该从这些影响林分经营的关键因子出发。林分经营状态通常表现在空间利用程度、物种多样性、建群种的竞争态势以及林分组成等四个方面，这些因子包括了森林生态系统的生物因子和外界干扰因子，能较全面的反映经营活动对林分的影响；空间利用程度可从立木覆盖度、干扰强度和林木分布格局等 3 个方面来衡量；物种多样性可从稀有种的无损率、物种多样性指数和林分混交度等 3 个方面来分析；建群种的竞争态势用竞争压力和树种优势度来表达；林分组成可从物种分布曲线、树种组成、直径分布以及成层性等方面来分析。

3.7.1　空间利用程度

3.7.1.1　立木覆盖度

　　结构化森林经营最终目标是培育健康稳定的森林。经营原则之一就是保持森林的连续覆盖，以保障森林生态、社会及经济功能的持续稳定发挥。所以，经营效果的评价必须首先从立木覆盖度着手。所谓立木覆盖度指的就是乔木层的盖度或郁闭度，为树冠垂直投影面积占地面面积的百分比，可采用树冠投影法、测线法或统计法进行测定。

　　为确保森林充分发挥其生态及其他效益，维护森林的健康，其立木覆盖度应不低于 0.60。

3.7.1.2　干扰强度

　　结构化森林经营贯彻的是"以树为本、培育为主、生态优先"的经营理念。利用方式推崇单株利用。贯彻的经营原则之一是尽量减少对森林的干扰。所以，要从传统意义上来评价分析经营效果。立木蓄积量或断面积以及密度的相对变化是最为直观的度量指标。合理的干扰应处于弱度干扰范围，即断面积或蓄积干扰强度在 15% 以下（于政中，1987）。

3.7.1.3 林木分布格局

结构化森林经营强调创建或维护最佳的森林空间结构。从现有的知识水平来看，同地段最优的林分空间结构应该是未经干扰或仅受到轻微干扰的天然林的空间结构。这种空间结构经历了千百万年的自然选择、自然演替，林内林木之间的空间关系复杂、多样，长期共存共荣，高度协调发展，其生态效益远远高于其他类型林分。所以，结构化森林经营以原始林的结构为楷模，尊崇自然的随机性。减弱被视为上层乔木空间最大利用的均匀性和空间最大浪费的聚集性。所以，在结构化经营中把林木水平分布的随机性视为空间优化程度的指标。

3.7.2 物种多样性

人类生存与发展，归根到底，依赖于自然界各种各样的生物。生物多样性是人类赖以生存的各种有生命资源的总汇和未来发展的基础，为人类提供食物、能源、材料等基本需求；同时，生物多样性对于维持生态平衡、稳定环境具有关键性作用，为全人类带来了难以估价的利益。生物多样性的存在，使人类有可能多方面、多层次地持续利用甚至改造这个生机勃勃的世界。丧失生物多样性必然引起人类生存与发展的根本危机（陈灵芝，1993）。结构化森林经营方法以保护物种多样性为重要原则，采取经营措施后物种多样性必须得到切实保护。

3.7.2.1 稀有种的无损率

珍稀濒危物种是国家法律法规明令保护的，结构化森林经营是一种环境友好型的现代森林经营方法，对珍稀濒危物种实行严格保护是其基本原则之一，禁止采伐稀有或濒危树种，保护林分的物种多样性。使稀有种的无损率为100%。

3.7.2.2 物种多样性指数

物种多样性（species diversity）是指一个群落中的物种数目和各物种的个体数目分配的均匀度（Fisher et al.，1943），反映了群落组成中物种的丰富程度及不同自然地理条件与群落的相互关系，以及群落的稳定性与动态，是群落组织结构的重要特征。常用的物种多样性指数有 Simpson 指数、Shannon – Wiener 指数等。

3.7.2.3 混交度

混交度（M_i）用来说明混交林中树种空间隔离程度。用树种平均混交度来表达林分中各树种的隔离程度，用林分平均混交度来比较经营前后林分的树种混交程度。这里要注意混交度概念在不同情况下的应用。汤孟平等（2004）提出的树种多样性混交度可以区别出不同林分间树种的隔离程度，但无法替代Gadow（1992）、Fuedner（1995）以及惠刚盈等（2001，2003）提出的应用于同一林分中的树种平均混交度。

3.7.3　建群种的竞争态势

物种的竞争与共存一直是生态学研究的核心问题，群落结构的组建、生产力的形成、系统的稳定性以及群落物种多样性的维持等都与这一问题密切相关（汤孟平，2002）。

结构化森林经营方法在进行树种竞争关系调节时主要针对建群树种，将不断提高顶极树种的竞争态势，减少其竞争压力视为己任。

竞争态势可用树种竞争指数和树种大小比数来描述。常用的竞争指数有Hegyi 竞争指数（Hegyi，1974；Holmes，et al.，1991；汤孟平，2003）、单木竞争指数（张跃西，1993；段仁燕等，2005）、Bella 竞争指数（Bella，1971；Holmes，et al.，1991；汤孟平，2003）等。

群落的优势种即在群落中作用最大的种，它通常按优势度的大小来定义。在大多数的群落学研究中，确定优势度时所使用的指标主要是种的盖度和密度。很多学者认为，最大的盖度和密度就意味着种在群落中具有最大影响。一般群落上层中盖度和密度最大的种类就是群落的优势种。传统的表达树种优势度的指标为重要值，重要值可以用某个种的相对多度、相对显著度和相对频度的平均值表示。也有人仅将相对显著度作为每种树木在群落中占优势的程度的指标。结构化森林经营方法在评价林分树种经营前后的优势度变化时，运用相对显著度和树种大小比数的结合的方法来评价，该方法既反映了树种在经营前后种在群落中的数量对比关系，又体现了树种的全部个体的空间状态。

3.7.4　林分组成

经过结构化经营的林分在树种组成上应更接近同地段天然林的树种组成，也就是说，应尽量使经营后的林分与同地段的天然林在树种组成上差异最小。林分组成通常用树种组成系数来表达，也可用树种分布曲线来直观表示。

3.7.4.1　物种分布曲线

物种分布曲线指的是每个物种的个体数占总林分株数的比例。也就是说，将物种作为横坐标，对应株数比例作为纵坐标。简化期间也可以用树种组为统计单元进行分析，比如顶极树种，伴生树种，先锋树种等。

（1）顶极种（climax species）：指某个顶极群落的任何典型植物种，尤其是建群种。顶极群落又称演替顶极，指在一定气候、土壤、生物、人为或火烧等条件下，演替最终形成的稳定群落。顶极群落在理论上应具有以下主要特征：是一个在内部和外部已达平衡的稳定系统；物种组成和结构已相对恒定；有机物质的生产量、消耗量和输出量基本平衡，现存量波动不大；如无外来干扰，可以自我延续地存在下去。

（2）先锋树种：在群落演替早期出现的树种，能够耐受极端局部环境条件且具有较高传播力的物种，如在荒山瘠地、火烧迹地等立地条件差的地方最先自然生长成林的树种。一般适应性强的阳性树种，如马尾松、枫香、山杨、白桦、木麻黄、柳等。

（3）伴生树种：在群落中不起主要作用，但经常存在，构成群落的固有的树种。

（4）建群种：植物群落内对形成群落环境和群落外貌和结构等特性起着决定作用的植物种类。通常指对整个群落结构和内部特殊环境条件影响最大的优势层的优势种。有的群落只有一种建群种，有的则有两种或更多些。

（5）优势种：主要层中植株数量较多，覆盖面积最大的植物种类。在群落中具有最大密度、盖度和生物量物种。

3.7.4.2　树种组成

树木种类组成对决定森林的类型具有重要意义，也影响生物多样性（Sari Pitkänen，2000；姚爱静等，2005）。在传统森林经营中，树种组成式按各乔木树种的蓄积量所占比例，用十分数表示，如 4 红 3 云 2 冷 1 椴。树种组成式的优点是可以同时反映林分中所包含的树种及各树种的比例。缺点是树种组成式仅为一个文字表达式，不便于林分间进行树种多样性的定量分析与比较。为此，汤孟平等（2003b）引入 Shannon 物种多样性指数，提出树种组成指数的概念。针对 41 种可能的树种组成形式，汤孟平等（2003）计算了相应的树种组成指数（以 10 为底数），得到了树种组成指数表，可根据树种组成式直接在表中查取树种组成指数。

3.7.4.3　直径分布的变化

同龄林与异龄林在评价林分直径分布变化时，以林分的直径分布的 q 值变化为依据。理想的异龄林株数按径级依常量 q 值递减，异龄林株数按径级的分布可用负指数分布进行拟合，因此在评价林分直径结构时可通过评价经营前后 q 值的变化来检验经营效果。

3.7.4.4　成层性

森林的垂直结构通过成层性来描述。而成层性可用林层比和林层数来量化，在对林分垂直结构的经营效果评价时，主要考察林分的垂直结构层次是否较经营前更加复杂，林木对空间的利用是否更加充分合理。

4 结构化森林经营案例分析

本章将根据前面介绍的结构化森林经营操作指南，分别以东北红松阔叶天然林、小陇山锐齿栎天然林和贵州常绿阔叶混交林为例，进行结构化森林经营的调查、分析和经营实践，并评价经营效果。

4.1　东北红松阔叶林经营实践

4.1.1 研究区概况

阔叶红松林是红松与多种阔叶树种混生在一起所形成的森林生态系统，也称红松针阔混交林、红松混交林或红松林，是我国东北东部山区地带性顶极群落。其中心分布区在辽宁、吉林、黑龙江的中低山区、长白山、完达山、小兴安岭一带及俄罗斯远东地区，总面积约 50 万 km^2，我国约占 60%，俄罗斯约占 30%，日本和朝鲜约占 10%。阔叶红松林在我国东北温带针阔混交林类型中占有重要地位，在环境保护、水土保持、生物多样性保护等多方面起着不可替代的作用。但由于红松树种分布区的长期过量采伐，作为顶级群落的红松林已被破坏殆尽，原始的大片红松林已经破碎不堪，剩余的红松林只是分布在山帽、石头塘上，而且面积小得可怜。

试验示范的红松阔叶天然林位于吉林省蛟河林业实验局东大坡经营区内，距蛟河市区 45km，东靠敦化市黄泥河林业局，西至蛟河市太阳林场，南接白石山林业局，北邻舒兰县上营森林经营局，东北与黑龙江省五常县毗邻。地理坐标为 43°51′~44°05′N，127°35′~127°51′E。

试验示范区属于吉林省东部褶皱断山地地貌，长白山系张广才岭支脉断块中山地貌，山势浑圆，东北部山高坡陡，西南部地势平缓。相对海拔在 800m 以下。境内水系，有发源于张广才岭的嘎牙河，经林场南部汇流入蛟河，再汇入松花江，二至八道河发源于林场南部到东北部的群山，流入蛟河，汇入松花江。

该区气候属温带大陆性季风山地气候，春季少雨、干燥多大风，夏季温热多雨，秋季凉爽多晴天、温差大，冬季漫长而寒冷，全年平均气温为 3.5℃，平均降水量在 700~800mm 之间，多集中在 6~8 月份，年相对湿度 75%。初霜期在 9 月下旬，终霜期在翌年 5 月中旬，无霜期一般在 120~150 天，平均积雪厚度为 20~60cm，土壤结冻深度为 1.5~2.0m。土壤可划分 5 个类型，分布最广的地带性土壤是肥力较高的暗棕壤，一般山的中上部为典型暗棕壤，局部有石质暗棕壤，山的中下部为白浆化暗棕壤、草甸化暗棕壤、潜育化暗棕壤及白浆土。山麓及沟谷分布有草甸土、冲击土、沼泽土及潜育化暗棕壤。

在中国植被区划中，试验示范区的植被属于温带针阔混交林区域的温带针阔混交林地带的长白山地红松沙冷杉针阔混交林区，主要植物属于长白植物区系。本区的主要森林类型有红松针阔混交林、云冷杉林和硬阔叶林等天然林。本区的主要针叶树种有：红松 *Pinus koraiensis* Sieb. et Zucc. 和沙冷杉 *Abies holophylla* Maxim. 等；主要阔叶树种有：水曲柳 *Fraxinus mandshurica* Rupr.、核桃楸 *Juglans mandshurica* Maxim.、白牛槭 *Acer mandshurica* Maxim.、色木槭 *Acer mono* Maxim.、春榆 *Ulmus japonica* Sarg、裂叶榆 *Ulmus laciniata* Mayr、千金榆 *Carpinus cordata* Bl.、糠椴 *Tilia mandschurica* Rupr. et Maxim.、紫椴 *Tilia amurensis* Rupr.、蒙古栎 *Quercus mongolica* Fisch.、杨树 *Populus* spp.、桦树 *Betula* spp.、暴马丁香 *Syringa reticulata*（Blume）H. Hara var. *amurensis*（Ruprecht）P. S. Green & M. C. Chang 和花楷槭 *A. ukurunduense* Trautv. et Mey 等；常见的下木有：胡枝子 *Lespedeza bicolor* Turcz、楔叶绣线菊窄叶变种 *Spiraea canescens* D. Don var. oblanceollata Rehd.、刺五加 *Acanthopanax senticossus*（Rupr. et Maxim.）Harms 等；主要草本植物有：蕨类 *Adiantum* spp.、苔草 *Carex* spp.、蚊子草 *Filipendula* spp.、山茄子 *Brachybotrys paridiformis* Maxim.、小叶芹 *Aegopodum alpestre* 等。

4.1.2 林分调查

为获得经营林分的状态，在吉林蛟河林业实验局东大坡经营区 54 林班和 52 林班内分别设立了面积为 100m×100m 的全面调查样地。利用全站仪（TOPCON – GTS – 602AF）测设样地的 4 个顶点，进行坡度改正，导线闭合差≤1/200，同时对胸径大于 5cm 的林木进行每木检尺和定位，测量、记载每株树木的坐标、树种、胸径，同时调查林分的郁闭度、坡度、林分平均高、林层数、幼苗更新和枯立木情况等。在计算各项结构参数、竞争指数和树种优势度时，为避免边缘效应，将样地内据每条林分边线 5m 之内的环形区设为缓冲区，其中的标记林木只做为相邻木，缓冲区环绕的区域为核心区，其中所有的标记单木作为参照树，统计各项指数。

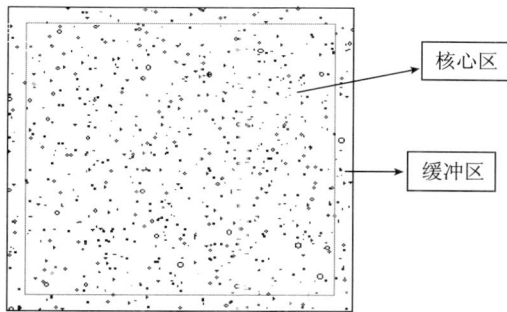

图 4 – 1 试验示范林分的林木点格局

在样地进行抽样调查，以展示抽样调查的可行性。抽样调查采用机械布点的方法，在样地核心区内均匀布设 7 行 7 列的 49 个样点，样点间隔约 15m（图 4 – 2）。调查距离各样点最近的 4 株单木的各种信息，包括角尺度、混交度、大小比数、林层数，并加测至少 5 个隽规点，分析林分状况。

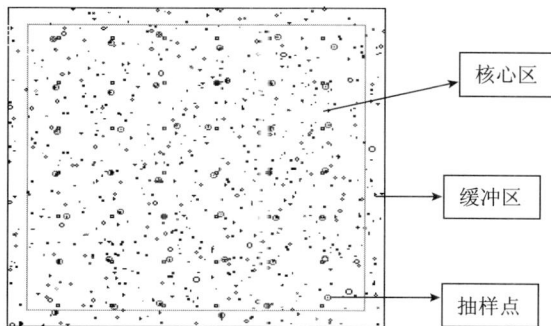

图 4 – 2 试验示范林分抽样调查点分布

4.1.3　林分状态特征分析

4.1.3.1　林分基本特征因子

　　表 4 - 1 列出了 52 林班样地和 54 林班样地的基本特征。52 林班样地的坡度和海拔均较 54 林班样地大，52 林班样地林分郁闭度较大，达到了 0.9，54 林班的密度较较 52 林班小，但两个样地的断面积相差不大，54 林班内林木个体较大。

表 4 - 1　林分基本特征

林班号	坡度 （°）	坡向	平均海拔 （m）	郁闭度	断面积 （m²/hm²）	林分平均 直径（cm）	密度 （株/hm²）
52	17	西北坡	660	0.85	31.3	18.1	1186
54	9	西北坡	620	0.9	31.9	22.1	800

4.1.3.2　林分树种组成数量特征

　　树种组成常作为划分森林类型的基本条件。以乔木树种组成为依据，划分森林类型的植被分类法在美国和加拿大广泛应用。树种组成可作为森林分类的基本依据，优势树种是划分森林类型的主要依据。我国东北地区的红松具有很强的适应能力，从谷地的湿生条件到山脊的旱生条件均有生长，而各种伴生树种都有一定的适应范围，以往研究表明，红松混交林的伴生树种与林下植被在分布上有较强的相关性，因而，根据红松伴生树种的作为林型或群落类型的划分依据。据前人研究，红松混交林可按伴生树种的类型划分为 6 个类型，即混有较多蒙古栎和黑桦的柞树红松林、混有较多紫椴的椴树红松混交林，混有较多的枫桦的枫桦红松混交林，混有较多鱼鳞云杉和臭冷杉的鱼鳞云杉红松混交林、混有较多水曲柳和春榆的水曲柳红松混交林及混有较多臭冷杉红皮云杉的红皮云杉红松混交林（李景文，1997）。表 4 - 2 和表 4 - 3 为 2 块样地中各阔叶红松林样地胸径大于 5cm 的树种组成的数量特征。

表 4 - 2　52 林班样地树种组成的数量特征

树　种	株数 （株/hm²）	相对多度 （%）	断面积 （m²/hm²）	相对显著度 （%）	胸径（cm） 最大	胸径（cm） 最小	胸径（cm） 平均
暴马丁香	12	1.01	0.042	0.13	8.7	5.1	6.6
白牛槭	48	4.05	1.197	3.84	49.9	5.0	17.5
稠　李	3	0.25	0.032	0.10	16.2	7.6	11.6

（续）

树　种	株数 （株/hm²）	相对多度 （%）	断面积 （m²/hm²）	相对显著度 （%）	胸　径（cm）		
					最大	最小	平均
椴　树	93	7.84	4.528	14.54	61.7	5.3	24.3
枫　桦	36	3.04	1.571	5.04	43.0	7.3	23.2
黄波罗	17	1.43	0.750	2.41	39.0	7.9	23.7
花楷槭	1	0.08	0.002	0.01	5.4	5.4	5.4
红　松	58	4.89	2.571	8.26	55.6	5.2	23.8
核桃楸	41	3.46	2.000	6.42	42.4	8.4	24.6
裂叶榆	1	0.08	0.003	0.01	6.6	6.6	6.6
柳　树	2	0.17	0.054	0.17	21.4	15.0	18.5
蒙古栎	32	2.70	1.698	5.45	46.9	7.6	25.2
花　楸	13	1.10	0.394	1.26	35.6	6.3	19.6
千金榆	297	25.04	2.376	7.63	27.0	5.0	10.1
青楷槭	67	5.65	0.832	2.67	23.3	5.1	12.6
色木槭	228	19.22	4.771	15.32	60.2	5.0	15.9
水曲柳	24	2.02	0.999	3.21	50.4	6.6	23.0
杉　松	69	5.82	2.456	7.89	80.2	5.2	21.3
杨　树	28	2.36	3.094	9.94	62.3	10.8	37.5
榆　树	116	9.78	1.770	5.69	43.4	5.0	13.8

从表4-2可以看出，该林分中千金榆、色木槭和榆树所占的株数比例较高，株数比例分别达了25.04%、19.22%和9.78%，累积比例达了54.04%，占林分株数的一半以上，但对于千金榆来说，在林分中以小径木的形式存在，平均胸径只有10.1cm，其相对显著度只有7.63%，色木槭的平均胸径为15.9cm，相对显著度为15.32%，榆树的平均胸径为13.8cm，但相对显著度也较低，只有5.69%；顶极树种红松、杉松的株数比例分别为4.89%和5.82%，它们的相对显著度分别为8.26%和7.89%，在林分所占比例也不是很高；椴树在该林分中相对多度只有7.84%，但其相对显著度却达到了14.54%，平均胸径达到了24.3cm，林分中该树种主要以大径木的形式存在；杨树和枫桦在林分中的株数比例分别为2.36%和3.04%，但它们的相对显著度却十分的高，分别达到了9.94%和5.04%，杨树的平均胸径高达37.5cm，枫桦的平均胸径也达

到了 23.2cm，这两个树种在林分中主要以大径木的形式存在；林分中其他树种无论是从株数比例还是断面积比例来说都比较低，特别是对于稠李、花楷槭、柳树来说，在样地中的株数不超过 3 株。运用吉林省不同树种的一元立木材积表计算出该样地的蓄积量为 216.5 m³/hm²，根据林分中各树种的数量组成和红松阔叶林林型划分方法，该林分类型为椴树红松混交林。

表4-3　54林班树种组成的数量特征

树　种	株数（株/hm²）	相对多度（%）	断面积（m²/hm²）	相对显著度（%）	胸　径（cm）		
					最大	最小	平均
暴马丁香	24	3.00	0.103	0.32	14.1	5.1	7.2
白牛槭	95	11.88	1.018	3.19	33.8	5.0	11.2
臭冷杉	7	0.88	0.272	0.85	39.3	9.7	22.3
椴　树	18	2.25	0.663	2.07	46.0	5.3	20.5
枫　桦	22	2.75	0.853	2.67	51.1	5.6	21.7
黄波罗	8	1.00	0.246	0.77	26.4	12.6	19.8
花曲柳	1	0.13	0.005	0.01	7.6	7.6	7.6
红　松	28	3.50	2.487	7.79	76.5	5.3	33.6
核桃楸	122	15.25	8.694	27.22	51.1	5.0	29.9
蒙古栎	7	0.88	0.051	0.16	12.6	8.1	9.6
花　楸	3	0.38	0.099	0.31	28.4	14.2	20.5
千金榆	99	12.38	1.163	3.64	28.1	5.1	12.0
青楷槭	15	1.88	0.207	0.65	22.8	6.0	13.3
色木槭	134	16.75	3.985	12.48	45.1	5.0	18.8
水曲柳	28	3.50	1.481	4.64	42.4	5.2	25.9
杉　松	45	5.63	5.181	16.22	77.7	5.0	37.9
棠梨子	1	0.13	0.007	0.02	9.2	9.2	9.2
鱼鳞云杉	48	6.00	2.689	8.42	42.2	5.2	26.7
榆　树	95	11.88	2.738	8.57	50.2	5.0	19.1

从表4-3可以看出，林班54样地的乔木树种组成中的阔叶树种与针叶树种的种类较多，除有常见的阔叶树种和红松、杉松外，还有臭冷杉、鱼鳞云杉等树种；从各树种的株数比例来看，林分中白牛槭、核桃楸、千金榆、色木槭

和榆树的株数比例较高，相对多度超过 10%，分别为 11.88%、15.25%、12.38%、16.75% 和 11.88%，花曲柳、蒙古栎、花楸和棠梨的相对多度低于 1%；顶极树种红松、臭冷杉、杉松和鱼鳞云杉的相对多度分别为 3.5%、0.88%、5.63% 和 6.0%；从相对显著度上可以看出，核桃楸、色木槭和杉松的显著度较高，分别达到了 27.22%、12.48% 和 16.22%，而其他树种的相对显著度均在 10% 以下；从各树种的平均胸径来看，杉松、红松、核桃楸、鱼鳞云杉和水曲柳的胸径较大，都在 26cm 以上，分别为 37.9cm、33.6cm、29.9cm、26.7cm 和 25.9cm，这是造成该林分株数少，断面积反而大的主要原因；林分中核桃楸和色木槭无论从株数上还是断面积上来说其在林分中所占的比例都较大，是该林分的优势种群。运用吉林省不同树种的一元立木材积表计算出该样地的蓄积量为 242.9m³/hm²，该林班林分保存较好，据记载只有在 1966 年经历过一次强度在 2% 左右的盗伐。该样地所代表的林分类型为核桃楸红松混交林。

4.1.3.3 林分直径分布特征

以 5cm 为起测径，以 2cm 为径阶步长对阔叶红松林样地内所有胸径大于 5cm 林木的直径分布结构进行了分析，相关内容见数据分析方法中有关直径分布的内容（参见图 3 -9 和图 3 -10）。

4.1.3.4 林分空间结构特征

林分的空间结构特征体现了树木在林地上的分布格局及其属性在空间上的排列方式，即林木之间树种、大小、分布等空间关系，是与林木空间位置有关的林分结构（汤孟平等，2004）。分所林分空间结构的基础是对林分空间结构的准确描述，描述林分空间结构的数量指标称为林分空间结构指数。传统的森林经理调查体系主要调查林木的胸径、树高和总收获量以及林分属性的统计分布，忽略了林分空间结构信息和多样性信息。而经典的植被生态学调查，提供的是一种统计格局，受抽样和统计方法的限制，格局随尺度变化较明显（徐海等，2007；惠刚盈等，2007）。目前应用的基于相邻木空间关系的林分空间结构描述方法为森林经营提供了科学依据，即体现树种空间隔离程度的树种混交度、反映林木个体大小的大小比数以及描述林木个体在水平地面上分布格局的角尺度等三个基于相邻木空间关系的林分空间结构指标能够准确地描述林分中林木个体的空间分布特征（惠刚盈等，2003，2007）。

（1）天然阔叶红松林林木个体的水平空间分布格局：利用 TOPCON 全站仪对阔叶红松林样地中胸径大于 5cm 的所有林木进行定位，测得每株林木的坐标，用 Winkelmass 软件计算林分内林木的分布格局。Winkelmass 是专门用于林分空间结构计算的分析软件，它能够能产生林分内每株树的分布点图，计算出林分内每株树的角尺度、混交度、大小比数及其平均值，统计出每个空间结构参数分布频率，分析林分内林木个体的水平空间分布格局、树种隔离程度和各树种在林分中的竞争态势；在计算林分的结构参数时，该软件为避免产生边界效应，可以设置缓冲区，一般 1hm² 的样地设置 5m 的缓冲区。

图 4-5 和图 4-6 为 2 块样地内林木分布点格局和运用软件 Winkelmass 计算的林木角尺度分布频率。图 4-5 表明，52 林班样地中林木落在核心区的林木株数为 940 株，占样地总株数的 79.3%，其中，处于随机分布的林木比例为 59.9%，处于均匀或很均匀分布的比例分别为 21.8% 和 0.6%，处于很不均匀或团状分布的比例分别为 14.7% 和 2.9%，其林分的平均角尺度为 0.494，林分内林木的整体分布格局也属于随机分布。图 4-6 表明，54 林班样地中林木落在核心区的林木株数为 671 株，占样地林木总株数的 83.8%，其中，林木处于随机分布的比例为 56.3%，角尺度分布频率处于均匀或很均匀的比例总计为 24%，

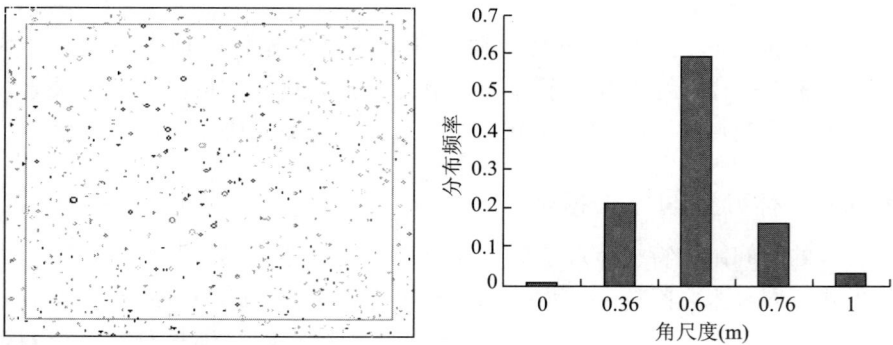

图 4-5　52 林班 B 样地林木分布格局及角尺度分布图

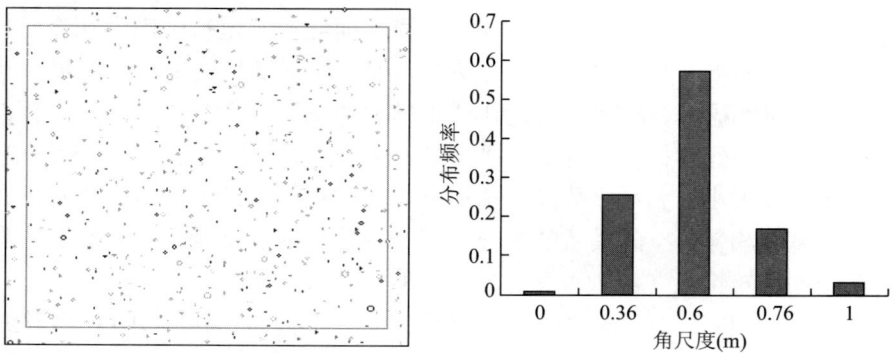

图 4-6　54 林班样地林木分布格局及角尺度分布图

林分中处于很均匀的林木仅有6株，也就是说，只有6株林木与其最近4株相邻木构成的结构单元的角尺度值为0；而处于不均匀或团状分布的比例总计19.7%，左侧明显大于右侧，其林分的平均角尺度为0.494，属于随机分布的范畴。阔叶红松林林分中处于很均匀和团状分布这两种极端状况的情况较少，这可能是由于林分都是在原始阔叶红松林的基础上经过轻度干扰而形成的次生林，虽然经过一定强度的干扰，但并没有改变林分内林木的空间分布格局，由此也可以说明，轻度的干扰对林木的空间分布格局并不会造成影响。

（2）天然阔叶红松林树种隔离程度：树种隔离程度指的是树种在群落中的空间配置，它是林分空间结构的重要生成部分，是群落的树种混交状况的表达形式，在天然森林群落中研究树种隔离程度有助于深入了解群落中各种群的分布状况以及各树种之间的相互依赖关系。分隔程度越大，表明同种个体聚生的可能性就越小，林木对空间的利用程度也就越大，同种之间的竞争机会就会减少，群落的稳定性也就会增大。混交度（Mi）用来说明混交林中树种空间隔离程度，Mi 的 5 种取值，即 0.00、0.25、0.50、0.75 或 1.00，对应于通常所讲的混交度的描述即为零度、弱度、中度、强度、极强度混交。图 4－7 为阔叶红松林样地林木的混交度频率分布情况。

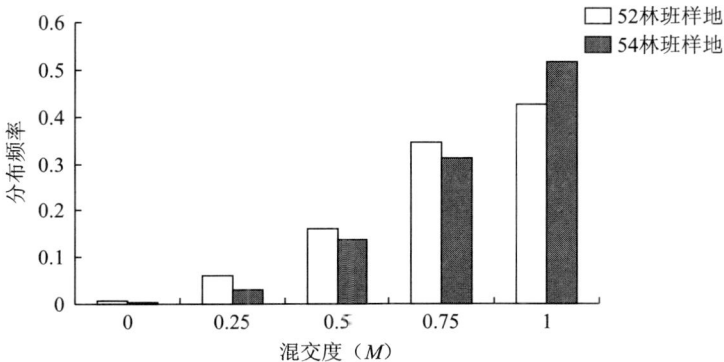

图 4－7　阔叶红松林样地混交度分布图

图 4－7 表明，样地中林木个体与其最近 4 株相邻木构成的结构单元的混交度从 0 到 1 呈上升的趋势，样地中林木处于零度混交的比例都相当的低，52 林班样地和 54 林班样地的比例分别为 0.7% 和 0.3%，也就是说 2 个样地中的林木个体与其最近 4 株相邻木构成的结构单元中与参照树为同种的比例都很低，林木处于强度和极强度混交的比例较高，其中，52 林班样地中林木处于强度和极强度混交的比例分别为 34.5% 和 42.4%，54 林班样地分别为 31.3% 和 51.6%，54 林班样地处于极强度混交的林木比例最高；2 个样地中，处于弱度

混交和中度混交的比例不是很高,54 林班样地的比例分别为 13.7%,而 52 林班样地稍微高一些,达到 16.1%。以上分析表明,2 个林分中的林木与同种相邻的比例较低,大多数林木与其他树种相邻,也就是说,在参照树与 4 株最近相邻木构成的结构单元中,相邻木大多数与参照树不是同一个种。进一步计算 2 个林班的平均混交度,52 林班样地为 0.779,54 林班样地为 0.827,2 个林班的林分平均混交度较高,都处于强度混交向极强度混交过渡的状态。修正的林分混交度均值公式可以比较不同林分类型的树种隔离程度,同时,也体现林分的树种多样性。运用该式对 2 个林分的树种隔离程度进行计算,其值分别为 0.549 和 0.624,可见 54 林班样地林分平均混交度最高。为进一步了解 2 个样地的树种空间隔离程度,对 2 个林分中的各树种的混交状态进行分树种统计,见表 4-4 和表 4-5。

表 4-4　52 林班样地中林木各树种混交度分布频率及均值

树　种	混交度					平　均
	0	0.25	0.5	0.75	1	
暴马丁香	0.000	0.000	0.000	0.000	1.000	1.000
白牛槭	0.000	0.000	0.079	0.289	0.632	0.888
稠　李	0.000	0.000	0.000	0.667	0.333	0.833
椴　树	0.000	0.000	0.143	0.381	0.476	0.833
枫　桦	0.000	0.000	0.000	0.036	0.964	0.991
黄波罗	0.000	0.000	0.000	0.000	1.000	1.000
花楷槭	-	-	-	-	-	-
红　松	0.000	0.000	0.115	0.481	0.404	0.822
核桃楸	0.000	0.000	0.000	0.333	0.667	0.917
裂叶榆	0.000	0.000	0.000	0.000	1.000	1.000
柳　树	-	-	-	-	-	-
蒙古栎	0.000	0.000	0.000	0.174	0.826	0.957
花　楸	0.000	0.000	0.000	0.222	0.778	0.944
千金榆	0.012	0.112	0.253	0.394	0.228	0.678
青楷槭	0.000	0.212	0.154	0.308	0.327	0.688
色木槭	0.022	0.082	0.279	0.339	0.279	0.693

（续）

树　种	混交度					平　均
	0	0.25	0.5	0.75	1	
水曲柳	0.000	0.000	0.000	0.250	0.750	0.938
杉　松	0.000	0.000	0.032	0.410	0.508	0.857
杨　树	0.000	0.000	0.048	0.143	0.810	0.940
榆　树	0.000	0.057	0.091	0.420	0.432	0.807

表4-4表明，在52林班样地中，除主要伴生树种千金榆、青楷槭和色木槭外，大多数树种处于强度混交向极强度混交过渡的状态，平均混交度在0.8以上；色木槭和千金榆出现少量的零度混交，它们的比例分别为2.2%和1.2%，这两个树种弱度混交也占一定的比例，分别达到了8.2%和11.2%，它们处于中度混交的比例在所有树种中是最大的，分别达到了27.9%和25.3%；青楷槭和榆树没有出现零度混交的状况，但青楷槭处于弱度混交和中度混交的比例较大，分别达到了21.2%和15.4%，榆树则主要处于强度和极强度混交的状态，总计比例为85.2%；顶极树种红松和杉松没有出现零度混交和弱度混交的分布状态，处于中度混交的比例为11.5%和8.2%，这两个树种在样地中主要以强度和极强度混交状态存在，其中，红松个体处于强度混交的比例分别为48.1%，红松的平均混交度为0.81，杉松处于极强度混交的比例为50.8%，其平均混交度为0.857；其他伴生树种与先锋树种的混交分布频率表现出与52林班A样地相类似的分布，主要集中在强度混交与极强度混交的状态；样地核心区内没有出现花楷槭和柳树这两个树种。

表4-5　54林班样地中林木各树种混交度分布频率及均值

树　种	混交度					平　均
	0	0.25	0.5	0.75	1	
暴马丁香	0.000	0.000	0.000	0.381	0.619	0.905
白牛槭	0.000	0.063	0.238	0.350	0.350	0.747
臭冷杉	0.000	0.000	0.000	0.000	1.000	1.000
椴　树	0.000	0.000	0.000	0.267	0.733	0.933
枫　桦	0.048	0.095	0.190	0.238	0.429	0.726
黄波罗	0.000	0.000	0.000	0.000	1.000	1.000

（续）

树　种	混交度					平　均
	0	0.25	0.5	0.75	1	
花曲柳	-	-	-	-	-	-
红　松	0.000	0.000	0.000	0.273	0.727	0.932
核桃楸	0.000	0.000	0.144	0.365	0.490	0.837
蒙古栎	0.000	0.000	0.429	0.429	0.143	0.679
花　楸	0.000	0.000	0.000	0.000	1.000	1.000
千金榆	0.000	0.000	0.131	0.393	0.476	0.836
青楷槭	0.000	0.000	0.000	0.000	1.000	1.000
色木槭	0.009	0.056	0.187	0.374	0.374	0.762
水曲柳	0.000	0.000	0.000	0.053	0.947	0.987
杉　松	0.000	0.000	0.071	0.262	0.667	0.899
棠　梨	0.000	0.000	0.000	0.000	1.000	1.000
鱼鳞云杉	0.000	0.000	0.075	0.300	0.625	0.888
榆　树	0.000	0.101	0.177	0.266	0.456	0.769

从表 4-5 可以看出，样地中红松、臭冷杉和鱼鳞云杉的平均混交度分别为 0.93、1 和 0.89，几乎接近于极强度混交；林分中的主要伴生树种色木槭在各个混交程度上都有分布，但也主要集中在强度混交与极强度混交这两种状态，分布频率均为 37.4%，其平均混交度为 0.762，整体表现为强度混交，白牛槭与榆树均没有零度混交的个体，处于弱度混交的比例分别为 6.3% 和 10.1%，这两个树种处于中度混交的比例分别为 23.8% 和 17.7%，较其他树种而言，这两个树种处于弱度与中度混交的比例较高；珍贵树种核桃楸则没有处于零度混交和弱度混交的状态，主要集中在强度混交与极强度混交，它们的比例达到了 85.5%；先锋树种蒙古栎在样地所有树种中的平均混交度最低，蒙古栎个体处于中度混交和强度混的比例占 80% 以上，其平均混交度值为 0.68，属于中度混交向强度混交过渡的状态，这可能是由于蒙古栎在林分中的株数较少，而大多数个体又聚集而生造成的；先锋树种枫桦在各个混交程度均有分布，其中零度混交达到了 5%，弱度混交到极强度混交的比例分别为 10%、19%、24% 和 43%；样地核心区内没有出现花曲柳这一树种。

通过对林分的平均混交度和各树种混交度的分析，可以看出阔叶红松林树种空间配置情况较为复杂。在群落的发育过程中，不同的树种对环境资源的利用程度不同，先锋树种在演替的初级阶段在相对不利的条件下迅速扩大种群，占据优势地位，但随着环境条件的改善，逐渐形成有利于顶极树种生长的条件，顶极树种不断的入侵并生长发育，最终使先锋树种退出群落；对于伴生树种而言，在演替过程中与顶极树种是协调互利的关系，在同一个结构单元中，由于同种个体对资源利用的一致性，导致同种个体竞争加剧，出现自然稀疏现象，同种个体在同一结构单元中被淘汰。因此，在林分中，随着演替的进展，同一结构单元中同种个体逐渐减少，林分整体混交度和各树种的混交度逐渐提高，最终形成稳定的群落。

（3）天然阔叶红松林林木大小分化程度：林木大小差异程度过去多采用直径分布来表达，但直径分布仅给出了群落内树木个体各径级所占的频率，缺乏空间信息。运用大小比数（U_i）这个空间结构参数，可以深入分析参照树在空间结构单元中所处的生态位，进而分析林分中所有树种在胸径指标上的优劣程度。大小比数（U_i）描述林木大小分化（胸径、树高或树冠等）程度，数量化了参照树与其相邻木的大小相对关系。U_i 值越低，说明比参照树大的相邻木愈少。大小比数从 0 到 1 的 5 种取值对应于调查单元林木状态的描述，即优势、亚优势、中庸、劣态、绝对劣态，它明确定义了被分析的参照树在该结构块中所处的生态位，且其生态位的高低以中度级为岭脊，生物意义十分明显（惠刚盈，2003；2007；）。

根据大小比数的定义，选取林木的胸径作为比较指标来分析林分中林木的大小分化程度。运用 Winkelmass 软件计算 2 块样地的平均大小比数均为 0.492，二者没有差别。按照树种计算的大小比数分布能更好反映两个林分的林木分化程度之间的差异性，较平均大小比数更有意义，而用各树种的相对显著度与大小比数相结合能够反映出各树种在林分中的优势程度。图 4 - 8 和图 4 - 9 分别是 2 块样地各树种以胸径作为比较指标时的平均大小比数，图 4 - 10 和图 4 - 11 是各树种大小比数与相对显著度相结合在林分中的优势程度比较。

从图 4 - 8 可以看出，在 52 林班样地中，杨树、稠李、黄波罗、枫桦、核桃楸、蒙古栎和水曲柳的平均大小比数都小于 0.25，说明林分中以这几个树种为参照树的结构单元中，参照树胸径大多数较最近相邻木大，处于优势状态；椴树的平均大小比数为 0.298，以椴树为参照树的结构单元中，椴树为优势木；花楸、青楷槭、红松、杉松、榆树和色木槭的平均大小比数在 0.5 左右，说明样地中这几个树种的大小分布比较均匀，在结构单元中整体处于中庸状态；白牛槭、千金榆和裂叶榆的平均大小比数介于 0.6% ~ 0.75% 之间，处于中庸向劣势过渡的状态，暴马丁香的平均大小比数为 0.806，处于劣势向绝对劣势过

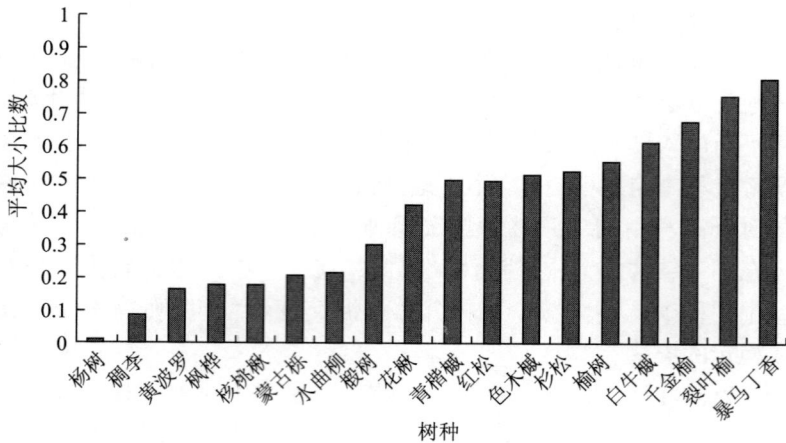

图 4 - 8　52 林班样地各树种平均大小比数

渡的状态；以上分析表明，在该样地中，杨树、稠李、黄波罗、枫桦、核桃楸、蒙古栎和水曲柳在空间结构单元中占优势，为优势木，白牛槭、千金榆、裂叶榆和暴马丁香在空间结构单元中处于被压状态。

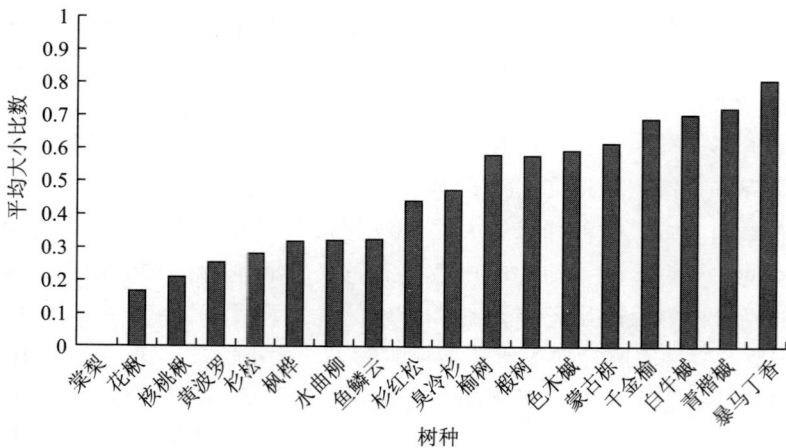

图 4 - 9　54 林班样地各树种平均大小比数

图 4 - 9 表明，54 林班样地中，棠梨、花楸和核桃楸的平均大小比数介于 0 ~ 0.25 之间，林木个体在结构单元中的大小比数则主要分布在 $Ui = 0$ 和 $Ui = 0.25$ 这两个取值上，这几个树种在结构单元中占绝对优势地位；珍贵树种黄波罗的平均大小比数为 0.25，在结构单元中处于优势地位；杉松、枫桦、水曲柳和鱼鳞云杉的平均大小比数变动在 0.26 ~ 0.32 之间，在结构单元中处于优

势地位；红松、臭冷杉、榆树、椴树、色木槭和蒙古栎的平均大小比数变动在
0.5 左右，整体上处于中庸状态。榆树在各个取值上的分布频率比较均匀，蒙
古栎个体大小比数分布则主要集中在 0.5 上，从整体上来说，这几个树种处于
中庸状态；林分中，千金榆、白牛槭、青楷槭和暴马丁香的平均大小比数介于
0.65 ~ 0.8 之间，处于中庸向劣势过渡的状态，林分中没有处于绝对劣势的
树种。

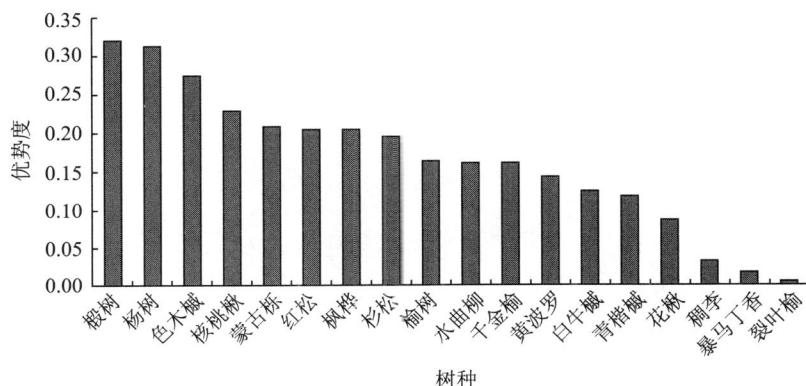

图 4 - 10　52 林班样地各树种优势度

运用树种平均大小比数与相对显著度相结合的优势度是一个间于 0 ~ 1 间的
数，其值越大，表明树种在林分中的优势程度越大，它既反映了树种在林分中
的数量优势程度，也反映了树种在空间上的优势程度。由图 4 - 10 可以看出，
在该林分中，椴树的优势程度最大，其优势度为 0.319，其次为杨树和色木槭；
杨树作为先锋树种，在该林分中的优势程度较大，说明林分中的杨树虽然株数
并不占优势，但杨树个体的胸径较大，无论断面积还是平均大小比数都处于优
势状态。顶极树种红松的优势度在所有树种中只占到了第六位，其值为 0.205；
伴生树种核桃楸、蒙古栎在林分中较红松的优势度高，其他树种的优势度均较
红松低。

由图 4 - 11 表明，在该林分中，核桃楸的优势程度较高，其值达到了
0.465，其次为杉松，也达到了 0.345，鱼鳞云杉、色木槭和红松的优势度相差
不大，分别为 0.239、0.230 和 0.210，红松在该林分中的优势程度也不是很高，
其他伴生树种的优势程度都在 0.20 以下。

（4）天然阔叶红松林垂直结构特征：林分的垂直结构可以通过成层性来描
述，而成层性可用乔木层林层比和林层数来量化（惠刚盈等，2007），通过在
林分中进行抽样调查，选择林层数对阔叶红松林的垂直结构进行分析，抽样点

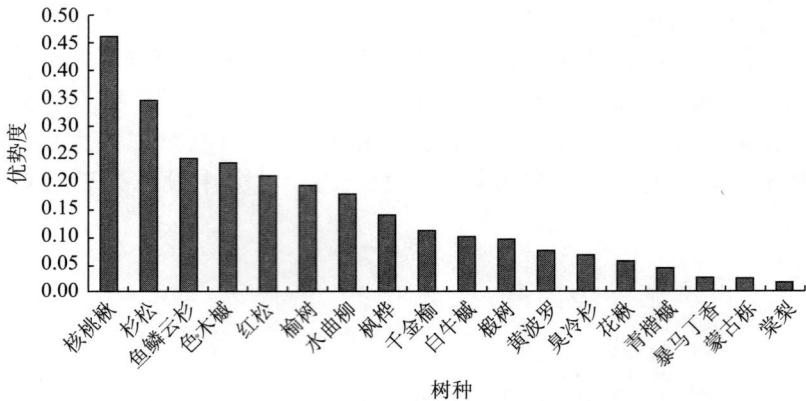

图 4 – 11　54 林班样地各树种优势度

为 49 个，共计 196 个结构单元，涉及林木 980 株。为了更清楚的了解林分的垂直结构，还对林分的平均树高进行了测量，即在每个样地中选择 35 株以上中等大小林木用激光测仪进行测量，取其平均值；表 4 – 6 为样地抽样点参照树结构单元林层数分布情况和林分的平均树高。

表 4 – 6　阔叶红松林样地林层数分布

样　　地	林层数（层）			平均林层数	平均树高（m）
	1	2	3		
	频率分布				
52 林班样地	0.092	0.653	0.255	2.2	13.6
54 林班样地	0.041	0.444	0.515	2.5	15.7

从表 4 –6 可以看出，在 196 个结构单元中，在 52 林班样地中，只有不到 10% 的结构单元 5 株树处于同一层，而处于 2 层结构单元的比例达到了 65.3%，林分的平均林层数为 2.2 层，达到了复层林的标准。在 54 林班样地中只有不到 5% 的结构单元中的参照树与相邻木处于同一林层，其比例 4.1%，而样地参照树与相邻木处于两个林层中的比例在 45% 左右，处于 3 层结构中的参照树比例高达 51.5%；林分的平均树高达到了 15.7m，样地林分都属于复层林，54 林班样地较 52 林班样地垂直分层现象更加明显。

4.1.3.5　林分树种多样性分析

森林群落的主要层片是乔木，而乔木层片中的优势树种是森林群落的重要建造者，在森林生态功能的发挥中也起着主导作用（张家城等，1999；刘小林等，1999）。物种多样性是指物种的数目及其个体分配均匀度两者的综合，它能有效地表征生物群落和生态系统结构的复杂性。综合大多数学者的分析方法，以红松阔叶林中乔木层树种的个体数为基础，采用 4 类多样性指数来分析阔叶红松林样地的树种多样性（表 4 - 7）。

表 4 - 7　阔叶红松林样地树种多样性

样　地	树种数	Shannon - Wiener	Simpson	Pielou	Margalef
52 林班样地	20	2. 150	0. 879	0. 718	2. 684
54 林班样地	19	2. 447	0. 893	0. 831	2. 693

表 4 - 7 表明，52 林班的树种数较 54 林班样地树种多，但 54 林班样地的多样性指数较都较 52 林班样地的多样性指数高。54 林班样地的 Shannon - Wiener 多样性指数与 Margalef 丰富度指数分别为 2. 447 和 2. 693，说明林分树种多样性及物种丰富度是较高；Simpson 指数又称优势度指数（Simpson，1949），其值越大，生态优势度越大即优势树种的集中性越大；Pielou 均匀度指数反映的是各物种个体数目分配的均匀程度，值越大则说明物种分配的均匀程度越高。由此表明，54 林班样地内各树种分布较均匀，且优势树种的集中性较高，而 52 林班样地内各树种分布均匀性较差，优势树种集中性较低。

4.1.3.6　林分更新特征

在阔叶红松林样地中分别沿对角设立 5 个 10m × 10m 的样方，对样方内的幼苗、幼树进行统计，了解林分的更新情况。本次试验中采用国家林业局资源司 2002 年制定的《东北内蒙古国有林重点林区采伐更新作业调查设计规程》中有关幼树幼苗的更新评价标准（表 4 - 8）来评价阔叶红松林的更新情况。

表 4 - 8　天然林更新等级评价表　　　　　　　单位：株/hm²

等级	幼苗高度级（cm）				代码
	< 30	30 ~ 49	≥50	不分高度级	
良好	≥5000	≥3000	≥2500	> 4001	1
中等	3000 ~ 4999	1000 ~ 2999	500 ~ 2499	2001 ~ 4000	2
不良	< 3000	< 1000	< 500	< 2000	3

对样地设置的小样方的更新情况统计情况如表 4 - 9，从表中可以看出，在幼苗高度级为小于 30cm 时，52 林班的样地更新株数都较小，属于更新不

良，54 林班样地的更新株数虽然属于中等，但幼苗的更新株数也较少，每公顷只有 3050 株；在高度级为 30～49cm 和大于 50cm 时，52 林班样地的更新状况为中等，54 林班样地林下更新均为不良；但按照林下更新幼树幼苗的株数不分高度级进行评定时，52 林班样地和 54 林班样地均可以评定为更新良好。总体来说，2 个样地的更新情况都比较差，这可能是由于当地林业部门几年前对这两个林班都进行过不同程度的林下抚育作业，对林下的杂草进行了清除，这在一定程度上对林下更新的幼树幼苗造成了破坏，此外，由于管理不善，林班距离居民点较近，偶见附近老百姓在林中放牛的情况，对林下更新幼树幼苗破坏严重。

表 4 – 9   天然阔叶红松林更新统计情况   单位：株/hm²

等　级	幼苗高度级（cm）			总　计
	<30	30～49	≥50	
52 林班样地	2290	1870	2300	6460
54 林班样地	3050	970	720	4740

4.1.4　林分经营方向确定

运用参照系不存在的林分自然度评价方法和林分经营迫切性评价方法对该林分的状态特征进行评价，确定林分的经营方向。评价结果表明，52 林班样地的自然度等级为 5，属于次生林状态，54 林班样地林分的自然度等级为 6，属于原生性次生林状态；52 林班样地林分的经营迫切性评价等级为比较迫切，而54 林班样地的林分经营迫切性等级为一般性迫切。追溯林分经营迫切性评价结果的原因可以看出，52 林班样地中顶极树种无论是在株数组成上，还是在断面积组成方面均不占优势，运用大小比数与断面积相结合的优势程度计算公式可知顶极树种红松的优势度为 0.205，小于评价标准值；树种组成中，只有椴树和色木槭的断面积比例达到了一成以上，而顶极树种红松只 8% 左右，因此，提高该林分中顶极树种的优势程度，调整树种组成是进行经营的一个方向，此外，在该样地中，有许多林木个体断梢、弯曲，甚至空心、病腐，不健康林木株数比例超过了 10%，因此，提高林木的健康水平也是该林分经营的一个方向。在 54 林班样地中造成经营迫切性等级为一般性迫切的原因主要有 2 个方面，一方面是树种组成中核桃楸、色木槭和沙冷杉的断面积比例达到了一成以上，顶极树种红松的优势度也较 52 林班的高，但地带性顶极树种红松的断面积比例只有不到 8%，其优势度也只有 0.210，提高顶极树种的优势度是该林分的一个经营方向；另一方面，林分中胸径大于 25cm 的大径木蓄积量达到了 $200m^3/hm^2$，占林分总蓄积量的 82.6%，因此，对个别达到起伐径的林木进行采伐利用也是林分经营的一个方向。在 2 个样地中，林分的总体更新虽然评价为良好，但从前面的分析可知，林下更新在 30cm 高度级以上更新幼苗株数较少，说明随着高度级的增加，幼苗的数量的减少，因此，增加幼苗的保存率，提高林分的更新幼苗数量和质量是 2 个林分经营的共同方面。综上述可以看出，52 林班林分进行经营的总体方向为：调整顶极树种的竞争，降低其他伴生树种在林分的比例和竞争势，调节树种组成，提高林分内林木的健康状况，促进林分更新，提高林分中更新幼树幼苗的数量和质量，54 林班样地的经营方向为提高顶极树种的优势度，采伐利用部分达到起测径的单木，促进林分天然更新。

4.1.5 林分经营设计

根据林分状态分析确定了经营方向，下一步的工作就要对林分进行经营设计。本次经营实践按照年度计划进行经营设计，采伐强度控制在蓄积的 15% 以下，采伐方式采用择伐的方式。按照结构化森林经营作业设计要求，对 2 个林分中保留木和采伐木进行选木挂号，保留木和采伐木要严格按照抚育采伐技术规定进行选择，单木要从健康、竞争和培育前途等几个方面具体评价。

4.1.5.1 采伐木选择

根据林分的经营方向和采伐木选择原则，在 52 林班样地中选择了 194 株采伐木，在 54 林班林分中选择了 105 株采伐木，下面以 54 林班为例，将林分中具体采伐林木及采伐原因进行汇总（表 4 – 10）。

表 4 – 10　54 林班采伐木汇总表

树　种	树号	胸径 (cm)	采伐原因
千金榆	6	8.1	弯曲，没有培育前途
榆　树	8	25.2	9 号（$D = 38.2cm$）红松的竞争木
千金榆	10	16	空心，避免产生病虫害
千金榆	11	12.7	长势不佳，分叉，无培育前途
千金榆	12	12.8	长势不佳，分叉，无培育前途
千金榆	21	15.3	长势不佳，被 22 号（$D = 74.4cm$）杉松挤压，无培育前途
暴马丁香	33	8.6	畸形，无培育前途

（续）

树　种	树号	胸径 （cm）	采伐原因
榆　树	39	7.3	挤压 683 号（$D=6.3$cm）杉松
榆　树	47	18.2	丛生，无培育前途，调整混交
色木槭	52	7.3	被 51 号（$D=20.5$cm）臭冷杉挤压，无培育前途
色木槭	53	16.7	调整竞争关系，与 51 号（$D=20.5$cm）臭冷杉竞争
色木槭	57	9.8	丛生，调整混交
核桃楸	70	24.3	调整竞争关系，与 71 号（$D=35.3$cm）鱼鳞云杉竞争
杉　松	73	37	断梢，失去生长势，无培育前途
千金榆	88	9.6	空心，濒临死亡
鱼鳞云杉	104	33.6	调整竞争关系，挤压 107 号（$D=23.8$cm）红松，培育 顶极树种
鱼鳞云杉	106	14	断梢，失去生长势，无培育前途
榆　树	110	27.1	倾斜，没有培育前途
臭冷杉	112	39.3	调整竞争关系，与 113 号（$D=25.6$cm）红松竞争
千金榆	119	14.0	被 118 号（$D=37.6$cm）鱼鳞云杉挤压，无培育前途
千金榆	120	12.3	调整竞争关系，影响 158 号（$D=13.5$cm）红松生长
白牛槭	135	7.5	影响珍贵树种黄波罗生长（树号 136，$D=12.6$cm）
色木槭	157	39.1	调整竞争关系，挤压 158 号（$D=13.5$cm）红松
色木槭	159	21.8	调整竞争关系，挤压 158 号（$D=13.5$cm）红松
鱼鳞云杉	167	8.9	断梢，失去生长势，无培育前途
鱼鳞云杉	172	15.2	梢干枯，避免产生病虫害
千金榆	175	14.1	调整竞争关系，影响 174 号（$D=9.7$cm）臭冷杉生长， 且被 176 号（$D=30$cm）核桃楸挤压，无培育前途
枫　桦	182	8.1	心腐，避免产生病虫害
青楷槭	184	6.0	倾斜，无培育前途
暴马丁香	188	7	调整混匀，分叉，长势不佳，无培育前途
杉　松	191	15.8	弯曲，被 189 号（$D=35$cm）杉松挤压，无生长优势， 调整混交
青楷槭	192	6.5	弯曲，被 189 号（$D=35$cm）杉松挤压，无培育前途

（续）

树　种	树号	胸径（cm）	采伐原因
椴　树	200	6.8	被201号（$D=27.6cm$）鱼鳞云杉遮盖，无培育前途
椴　树	204	7.5	调整竞争关系，影响205号（$D=8.8cm$）杉松生长
千金榆	214	6.7	丛生，调整混交
千斤榆	222	23.1	调节竞争，与223号（$D=29.6cm$）核桃楸竞争
杉　松	229	64.6	达到目标直径，采伐利用
千金榆	245	23.8	调整竞争，挤压247号（$D=9.3cm$）杉松，影响生长
水曲柳	253	15.5	弯曲，无培育前途
白牛槭	257	6.1	调节混交，分叉
暴马丁香	267	6.9	弯曲，无培育前途
榆　树	272	28	调整竞争关系，273号（$D=43.3cm$）鱼鳞云杉竞争
核桃楸	301	26.2	调整竞争关系，挤压300号（$D=9.6cm$）鱼鳞云杉
千金榆	304	10.2	弯曲，无培育前途
色木槭	306	30.3	影响306号（$D=13.9cm$）黄波罗生长，培育珍贵树种
千金榆	324	17.4	空心，病腐，避免滋生病菌
千金榆	327	12	断梢，无培育前途
杉　松	333	19.6	被332号（$D=28cm$）鱼鳞云杉挤压，无培育前途
核桃楸	335	24.5	挤压334号（$D=18.8cm$）鱼鳞云杉，调整竞争
白牛槭	340	6.7	弯曲，无培育前途
鱼鳞云杉	344	14.6	断梢，失去生长势，没有培育前途
千金榆	349	15.2	心腐，避免产生病菌
枫桦	355	12.7	根裸，濒临死亡
鱼鳞云杉	367	25	断梢，失去生长势，没有培育前途
椴　树	368	12.4	断梢，失去生长势，没有培育前途
千金榆	389	21.6	倾斜，无培育前途，调整混交
榆　树	406	35.7	调整竞争关系，挤压405号（$D=20cm$）鱼鳞云杉
榆　树	411	7.9	倾斜，无培育前途
鱼鳞云杉	413	9.3	根裸，濒临死亡
花　楸	415	28.4	调整竞争，挤压416号（$D=10.2cm$）杉松

（续）

树 种	树号	胸径（cm）	采伐原因
枫 桦	421	8.4	根裸，濒临死亡
千金榆	432	12.3	调整竞争，影响 434 号（$D = 5.3$cm）红松生长
色木槭	433	17.2	调整竞争，影响 434 号（$D = 5.3$cm）红松生长
千金榆	435	11.8	调整竞争，影响 434 号（$D = 5.3$cm）红松生长
杉 松	458	18.8	断梢，失去生长势，无培育前途
色木槭	462	9.2	影响 461 号（$D = 14.2$cm）杉松生长，且被 463 号（$D = 37.2$cm）挤压，无培育前途
千金榆	472	21.6	心腐，避免滋生病菌
色木槭	474	15.1	调整竞争，影响 476 号（$D = 13.2$）杉松生长
枫 桦	493	15.3	根裸，濒临死亡
枫 桦	497	14.3	根裸，濒临死亡
青楷槭	513	9	根裸，濒临死亡
千金榆	526	12.8	断梢，濒临死亡
杉 松	528	10.2	被 527 号（$D = 21.2$cm）杉松挤压，无生长空间，没有培育前途
色木槭	529	30.5	分叉，调整竞争关系，与 527 号（$D = 21.2$cm）杉松竞争
白牛槭	540	14.3	弯曲，被 539 号（$D = 36.7$cm）挤压，无培育前途
千金榆	542	15.1	空心，病腐，避免滋生病菌
色木槭	545	8.2	弯曲，与 546 号（$D = 19.8$cm）黄波罗竞争
红 松	547	13.2	断梢，且被 548 号（$D = 29.7$cm）挤压，无培育前途
杉 松	563	9.4	断梢，且与 564 号（$D = 9.3$cm）鱼鳞云杉竞争
臭冷杉	565	10.2	心腐，濒临死亡，避免滋生病虫害
榆 树	578	13.2	长势不佳且影响 579 号（$D = 29.5$cm）鱼鳞云杉生长
榆 树	615	43.1	调整竞争关系，影响 614 号（$D = 26.2$cm）红松生长
色木槭	620	10.1	断梢，无培育前途
千金榆	631	5.5	长势不佳，无培育前途，调整混交
色木槭	633	6.4	长势不佳，无培育前途，调整混交

（续）

树　种	树号	胸径 （cm）	采伐原因
色木槭	646	6.2	被 647 号（$D=25.3cm$）鱼鳞云杉挤压，无培育前途
色木槭	648	24.3	调整竞争关系，影响 647 号（$D=25.3cm$）鱼鳞云杉生长
榆　树	677	5.5	分叉，倾斜，无培育前途，调整混交
榆　树	684	5.5	弯曲，且与 683 号（$D=6.3cm$）杉松竞争，调整竞争关系
枫　桦	685	5.6	先锋树种，无培育前途，且与 683 号（$D=6.3cm$）杉松竞争，调整竞争关系
白牛槭	688	29.7	心腐，避免滋生病菌
色木槭	689	30.8	倾斜，无培育前途，且影响 687 号（$D=45.8cm$）红松和 690 号（$D=34.5cm$）鱼鳞云杉生长，调整竞争关系
榆　树	702	6.8	调节混交，弯曲、无培育前途
核桃楸	706	43.3	调整竞争关系，采伐利用，挤压 709 号（$D=25.8cm$）红松，影响生长
杉　松	721	14.7	断梢，矢去生长势，无培育前途
色木槭	722	8.3	断梢，矢去生长势，无培育前途
杉　松	725	13.7	断梢，矢去生长势，无培育前途
核桃楸	733	24.3	心腐，避免滋生病菌
千金榆	746	15.7	调整竞争关系，与 747 号（$D=30.7cm$）水曲柳竞争
色木槭	901	15.3	调整混交和竞争关系，影响 903 号（$D=21.9cm$）鱼鳞云杉生长
白牛槭	918	16.3	断梢，失去生长势，无培育前途
核桃楸	925	32.6	调节竞争，被 924 号（$D=53.2cm$）杉松挤压，无培育前途
青楷槭	937	16.3	无培育前途，被 938 号（$D=53.6cm$）红松挤压，无培育前途
千金榆	1002	19.5	调节竞争，影响 160 号（$D=8.2cm$）红松生长
榆　树	1007	6.7	断梢，失去生长势，无培育前途

在选择的 105 株采伐木中，共涉及 15 个树种，总断面积为 2.5m²，材积为 22.4m³，采伐蓄积强度为 9.2%，干扰强度控制到了 15% 以内。在 52 林班内采伐的 194 株林木中，共涉及 17 个树种，其中，椴树 16 株，青楷槭 22 株，千金榆 67 株，色木槭 27 株，这些树种采伐原因大多是因为林木的健康状况较差，存在病腐、空心、弯曲等情形，还有 2 株红松因断梢而没有培育前途被采伐。52 林班中采伐木总断面积为 4.36m²，材积为 27.2m³，采伐蓄积强度为 12.7%，株数强度为 16.4%，干扰强度也属于轻度干扰。

4.1.5.2 林分更新

对于 52 林班而言，林下更新小于 30cm 高度级的幼苗数量比较少，而大于 30cm 高度级幼苗数量也只属于更新中等，说明该林分幼苗更新一般，特别是对于小于 30cm 高度级幼苗而言，更新不良，因此，对 52 林班来说，需要采用人工促进更新的措施，如采用直播或植苗的方法促进林下更新。对于 54 林班而言，由于林下更新大于 30cm 高度级幼树幼苗数量较少，属于更新中等或更新不良，因此，林分更新以人工促进天然更新和人工更新为主，采用的主要措施为林隙补植。对林分采取人工促进直播或植苗时，补植时间在采伐后的第一个春季，树种以顶极树种红松和主要伴生树种鱼鳞云杉、臭冷杉、杉松、水曲柳、核桃楸等为主。补植时要充分考虑树种的生物学特性，做到"三埋两踩一提"，不窝根、不露根、分层培土，扶正踏实，提高幼树幼苗的成活率和保存率，使林内人工更新、天然更新幼树、幼苗数量保证在 4000 株以上。

4.1.6 经营效果评价

从采伐木选择上可以看出，本次经营对 2 个林分内所有不健康和长势不佳，没有培育前途的林木进行伐除，调整了林分树种组成。下面从经营后林分的空间利用程度、树种多样性、建群种的竞争态势以及林分组成等方面对林分的经营效果进行评价。

4.1.6.1 空间利用程度评价

采伐后 52 林班林分郁闭度为 0.8，54 林班样地的郁闭度为 0.87，郁闭度均保持在 0.7 以上，符合连续覆盖的原则。52 林班伐后样地内共有林木 992 株（胸径≥5cm），总断面积为 26.8m³，按林木胸高断面积和株数计算，疏伐强度分别是 14.1% 和 16.4%，属于轻度干扰。54 林班样地伐后林分中共有林木 695 株，总断面积 28.8m²，疏伐强度分别是 7.8% 和 13.1%，按林分蓄积计算，采伐强度为 9.2%，属于轻度干扰。

运用 Winkelmass 计算采伐后林分的空间结构参数可知，采伐后 52 林班和 54 林班林分的平均角尺度分别为 0.489 和 0.490，落在 [0.475，0.517] 的范围之内，仍属于随机分布的范畴，采伐前后林分的林木分布格局没有改变。

4.1.6.2 树种多样性评价

从林分经营过程中采伐木的选择可以看出，林分中珍贵稀有树种都作为保留木得到了保护，并进行了竞争关系的调节，因此，经营过程中林分稀有种的无损率为 100%。52 林班中的裂叶榆仅有 1 株且长势不佳，在抚育过程将其作为采伐木伐除，裂叶榆在当地为常见树种，伐除对林分树种组成影响较小，54 林班林分内所有树种都有保留，经营后 2 个林分的树种数均为 19 个。

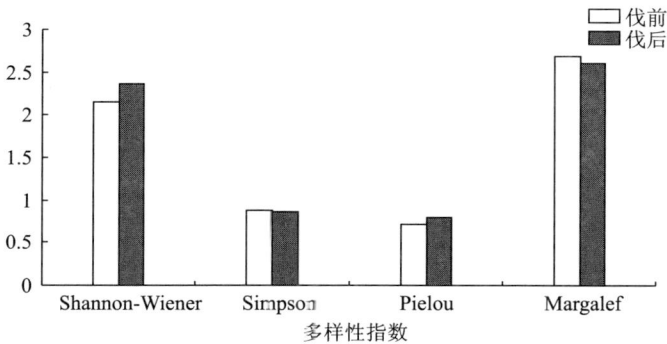

图 4 - 12　52 林班样地经营前后多样性比较

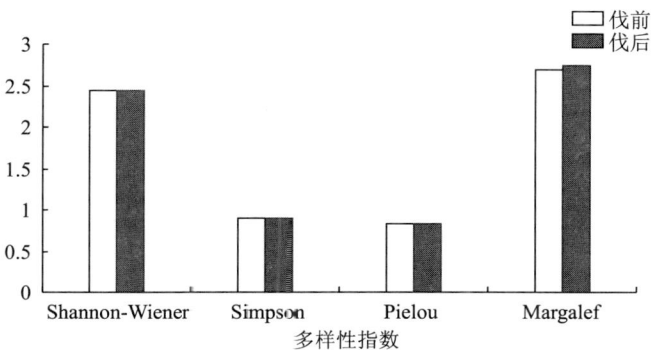

图 4 - 13　54 林班样地经营前后多样性比较

图 4 - 12 和 4 - 13 为 2 块样地经营前后林分树种多样性的变化情况。由图 4 - 12 可以看出，52 林班经营后，树种多样性指数中，除 Simpson 指数和 Margalef（物种丰富度指数）下降外，Shannon - Wiener 多样性指数和 Pielou 指数都

有小幅上升，说明林分经营后树种多样性增加，各树种个体数目分配的均匀性增加，优势树种的聚集性下降，林分多样性提高。54 林班林分经营后，除 Margalef 丰富度指数有小幅的上升外，其他几个指数虽然有所下降，但下降的幅度不大，可忽略不计，经营对该林分的树种多样性几乎没有影响。

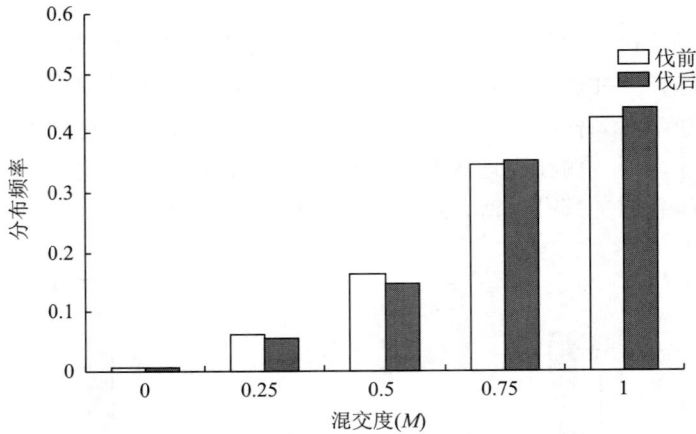

图 4 – 14 52 林班样地经营前后林分混交度分布图

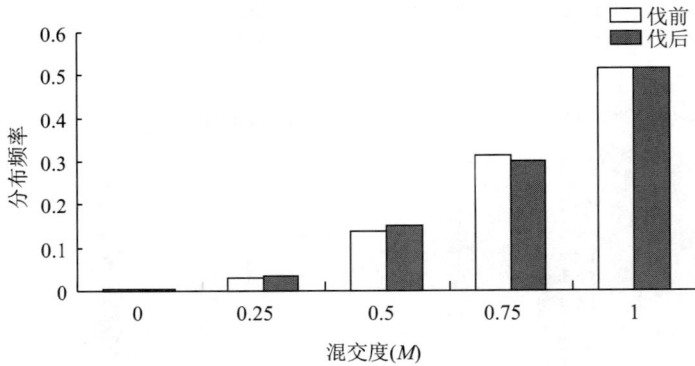

图 4 – 15 54 林班样地经营前后林分混交度分布图

52 林班经营前后的林分平均混交度分别为 0.779 和 0.792，经营后的林分平均混交度略有上升。从图 4 – 14 可以看出，林分林木个体处于零度混交、弱度混交和中度混交的比例有所下降，而处于强度混交和极强度混交比例上升，其中，处于极强度混交的比例上升了接近 2 个百分点。运用修正的混交度公式计算林分经营后的林分混交度为 0.567，较林分经营前的平均混交度 0.549 明显提高。54 林班样地经营前后林分的平均混交度分别为 0.827 和 0.821，从图 4 – 15可以看出，林分中林木个体处于中度混交以上的个体占绝大多数，达到了96%以上；总体上超过50%以上的林木周围最近4株相邻为其他树种，近30%的林木个体周围最近4株相邻木仅有1株与其为相同树种，这说明林分中相同树种聚集在一起的情况不多，多数树种与其他树种相伴而生，经营前后林分的混交度基本保持不变。运用修正的混交度公式计算林分经营前后的林分混交度分别为0.625和0.622，意味着林分树种隔离程度在经营前后变化也基本保持不变。

4.1.6.3 树种组成评价

图4-16和图4-17分别为52林班样地经营前后各树种株数组成与断面积

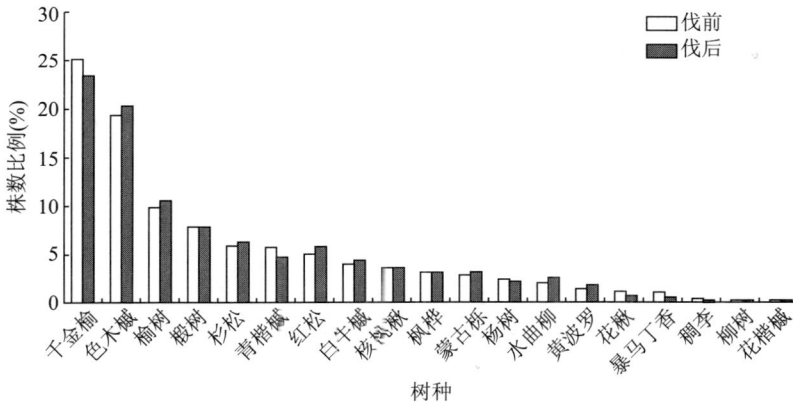

图4-16 52林班经营前后林分株数组成变化

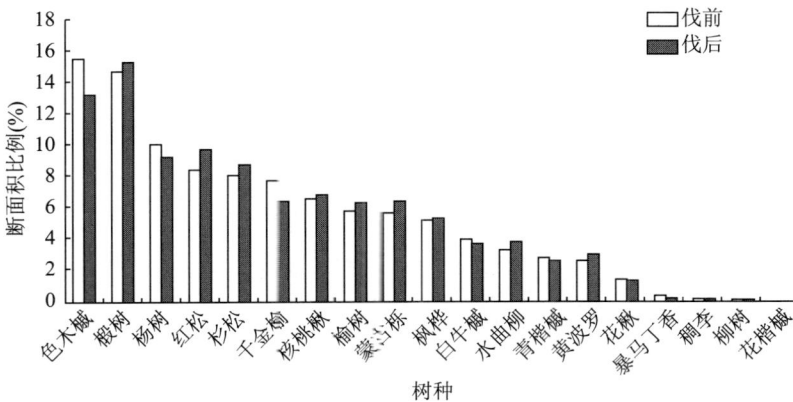

图4-17 52林班经营前后林分株数组成变化

组成变化情况。由图4-16可以看出，经营后，52林班样地内千金榆、青楷槭、花楸、暴马丁香、椴树等树种在林分的株数比例下降，其中千金榆下降比例最高，为1.75%，其次为青楷槭，下降比例为1.1%，其他几个树种下降比例均在0.5%以下。色木槭、红松、榆树、核桃楸等树种的株数比例有所增加，其中色木槭的株数比例增长较多，为1.04%，其次为顶极树种红松，增加比例为0.76，其余树种株株数比例增加幅度较小，都在0.7以下。由图4-17可以看出，经营后林分中各树种的断面积比例也发生了较大变化，红松在林分中的相对显著度明显提高，由原来有8.26%增加到了9.57%，千金榆、色木槭、杨树等树种的相对显著度下降，这3个树种下降的比例分别为1.34%、2.23%和0.82%，其他树种下降的比例均在0.3%以下，色木槭在林分中的株数比例虽然有所上升，但其所占的断面积比例却下降，说明色木槭在林分中的优势程度下降。林分中稠李和花楷槭的断面积比例经营前后没有变化。

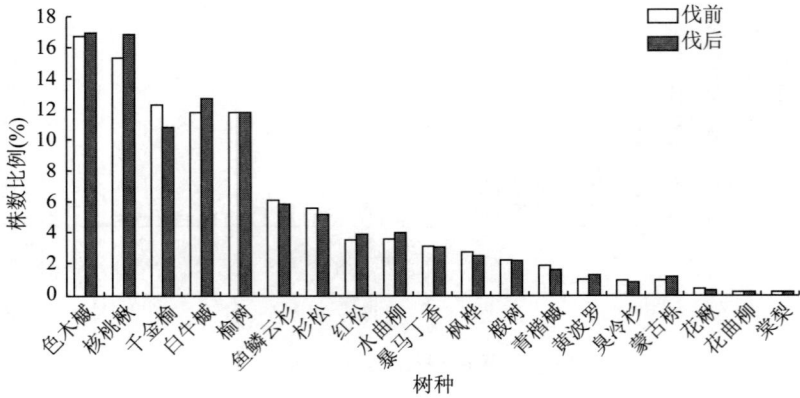

图4-18　54林班样地经营前后林分株数组成变化

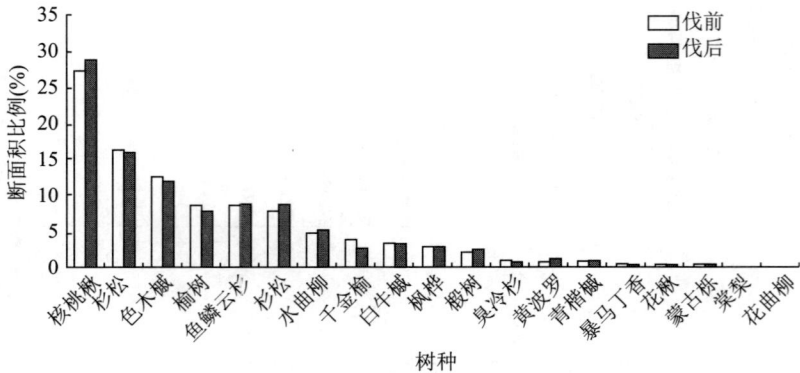

图4-19　54林班样地经营前后林分断面积组成变化

图 4-18 和图 4-19 分别为 54 林班林分经营前后树种株数组成和断面积组成变化情况。由图 4-18 可以看出，经营后，林分中红松、核桃楸、水曲柳、黄波罗等主要树种的株数比例上升，而千金榆、色木槭、榆树、枫桦、椴树、杉松和臭冷杉等树种的株数比例有所下降。从图 4-19 可以看出，经营后林分树种断面组成变化较大，其中，核桃楸、红松、水曲柳、黄波罗、鱼鳞云杉断面积比例增幅较大，而千金榆、色木槭、榆树、臭冷杉等树种的断面积比例下降。对鱼鳞云杉而言，虽然株数比例有所下降，但其断面积比例反而有所上升。

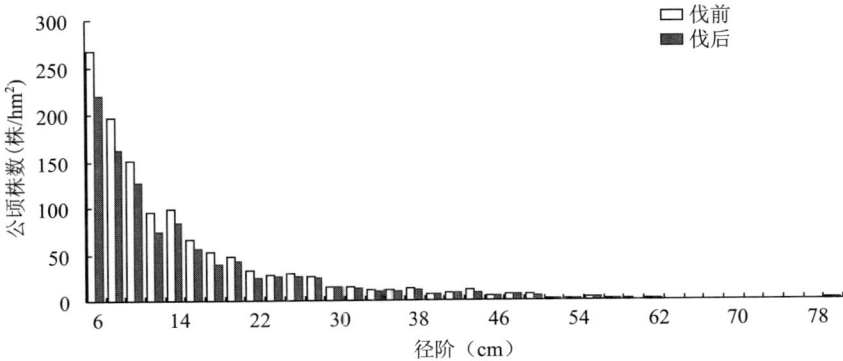

图 4-20　52 林班经营前后林分直径分布变化

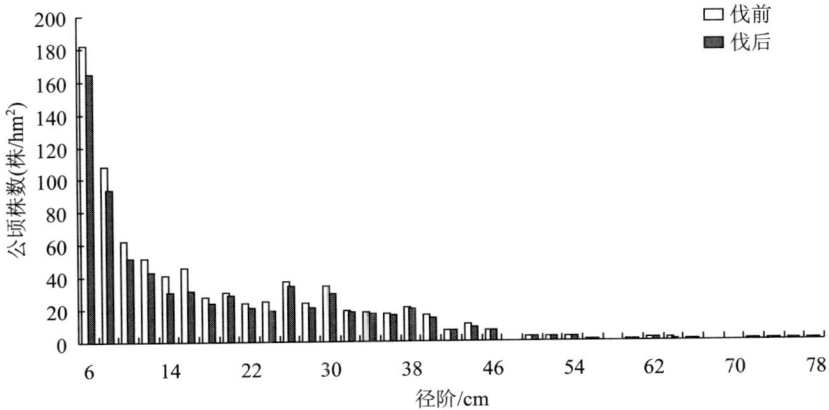

图 4-21　54 林班经营前后林分直径分布变化

从以上分析可以看出，两个林分经营前后顶极树种和主要伴生树种的株数比例和断面积比例上升，而那些次要树种的比例有所下降，说明调整树种组成的经营效果是明显的。

图 4-20 和图 4-21 是两个林分经营前后的直径分布情况。由图可以看出，

经营前后林分的直径分布仍为倒"J"形的特性，运用负指数函数对两个样地林木直径分布进行拟合，拟合方程分别为 $y = 447.865e^{-0.126x}$（$R^2 = 0.992$）和 $y = 347.158e^{-0.150x}$（$R^2 = 0.926$）；两个样地的直径分布 q 均值分别为 1.286 和 1.350，均属于合理异龄林直径分布，经营保证了林分直径结构的稳定。

4.1.6.4　树种的竞争态势

本次经营的一个重要目标是减小顶极树种竞争压力，从上文分析可以看出，在两个林分中，顶极树种及主要伴生树种的株数比例和断面积比例均有所上升，运用大小比数与相对显著度相结合来评价林分中树种的优势程度不仅体现了种群在群落中的数量关系，而且还能体现其空间状态，更加直观地反映树种在群落中的地位。图 4-22 和图 4-23 是两个林分在经营前后各树种在林分中的优

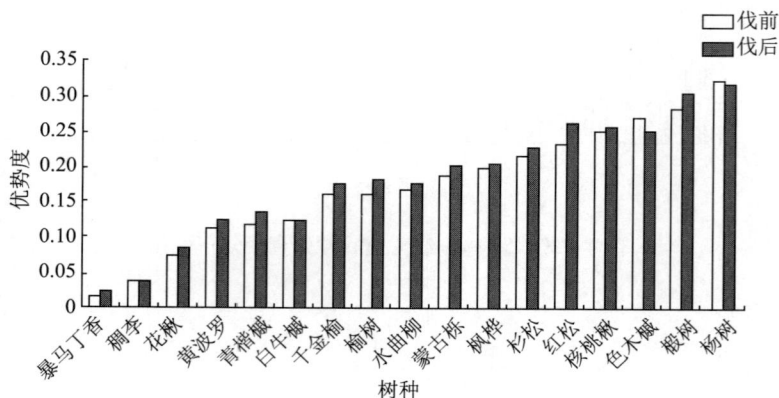

图 4-22　52 林班经营前后林分树种优势度变化

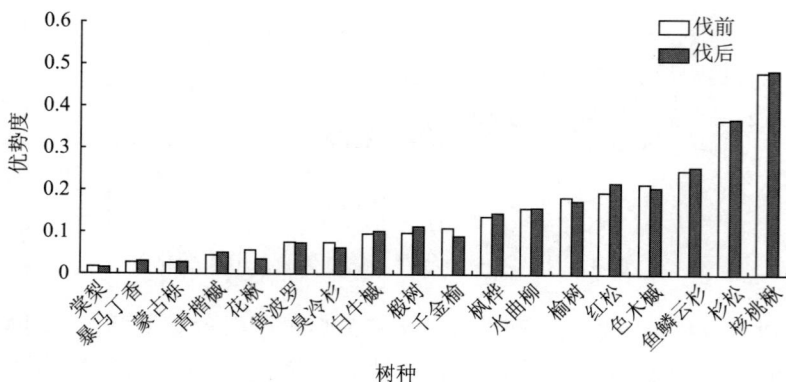

图 4-23　54 林班经营前后林分树种优势度变化

势度。图 4 - 22 表明，经营后林分中各树种的优势度发生了变化，林分中色木槭、杨树的优势度下降，稠李、白牛槭的优势度几乎没有变化，其他树种的优势度均有小幅上升，顶极树种红松、杉松的上升幅度较大，红松的优势度从经营前的 0.23 上升到经营后的 0.264，杉松由经营前的 0.215 增加到经营后的 0.227，珍贵树种黄波罗由经营前的 0.113 增加到经营后的 0.122，主要伴生树种椴树和核桃楸的优势度分别由经营前的 0.281 和 0.249 上升到经营后的 0.302 和 0.258，其他树种的优势程度也有不同树种的上升。由图 4 - 23 可以看出，采伐前顶极树种红松的优势程度为 0.194，采伐后上升为 0.217，提升幅度比较大，此外，鱼鳞云杉、沙冷杉、核桃楸、水曲柳等主要伴生树种采伐后的优势程度也略有上升；千金榆、色木槭、榆树、臭冷杉等树种的优势程度下降。由以上分析可知，经营后 2 块样地树种的优势程度均有不同程度的改变，此次经营达到了提升顶极树种和主要伴生树种的优势程度的目标。

综上所述，本次经营降低了顶极树种的竞争压力，提高了顶极树种的竞争能力和树种优势，在一定程度上调整了树种组成，保护了林分的树种多样性和结构的稳定性，并取得了一定数量的目材，达到了预期的目的。但由于林业生产具有周期长、功能多样、经营对象复杂和经营效果见效慢等特点，林分的经营调整是一个渐近的过程，通过一次经营不可能迅速使顶极树种上升到优势地位、使林分达到顶极状态，而且会发生由于调整一个指标而引起其他指标变动的情况，因此，尽管林分当前的自然演替阶段中阔叶树种仍占优势，在树种组成中占很高的比例，但由于阔叶树种的成熟时间少于针叶树种，可在后续经营中关注阔叶树种的中、大径木，在其成熟时适时采伐利用，降低阔叶树种对顶极树种形成的竞争压力，培育顶极树种有价值单木，提高其树种优势度，保护林分的天然更新、物种多样性和结构的稳定性，继续根据林分的生长现状和动态，循序渐进地开展森林经营，逐渐让每一个指标达到健康稳定林分的特征，只有这样，才能实现森林整体的健康，充分发挥森林的多种效益。

4.2　小陇山锐齿栎天然林经营实践

4.2.1　研究区概况

甘肃小陇山林区位于我国秦岭山脉西端，甘肃省的东南部，东与陕西的陇县、宝鸡相连，南与凤县、留坝县、略阳县接壤，西与甘肃本省岷县、宕昌县相邻，北以张川县为界。地理坐标 104°22′~106°43′E，33°30′~34°49′N，东西长 212.5km，南北宽 146.5km，是全国 4600 多个国有林场中最大的国有林场群，是我国长江流域与黄河流域的分水岭。甘肃小陇山林区是我国西北地区重要的天然林区，在水源涵养、保持水土、维护地区生态平衡、提高环境质量、保护生物多样性以及林业生产等方面发挥着不可替代的作用。小陇山林区地形地貌复杂多样，以秦岭西端主梁为界，以北为秦岭北缘低中山区，属剥蚀堆积红层丘陵区，以南为徽成盆地、陇南山地，属构造剥蚀中山地貌；主要地貌类型有：土石侵蚀剥蚀中山地貌、砂砾岩—红土丘陵盆地、红土—黄土丘陵山地、渭河峡谷地貌和黄土地貌等，地形陡峭，切割剧烈，山体坡度多在 25° ~ 45° 之间，海拔多在 1000 ~ 2000m 之间。

小陇山林区地处我国华中、华北、喜马拉雅、蒙新四大自然植被区系的交汇处，是暖温带向北亚热带过渡的地带，兼有我国南北气候特点，大多数地域属暖温湿润—中温半湿润大陆性季风气候类型。年平均气温 7 ~ 12℃，极端最高气温 39.2℃，极端最低气温 – 23.2℃，年平均降水量 600 ~ 900mm，林区相对湿度达 78%，年日照时数 1520 ~ 2313 小时，无霜期 130 ~ 220 天，干燥度 0.89 ~ 1.29，属湿润和半湿润类型。区内土壤变化多样，既有大面积分布的同一土类，也有小面积不同土类的零星分布，其垂直带谱为褐色土、棕壤、灰棕壤、亚高山地草甸土。森林土壤以山地棕色土和山地褐土为主，土层厚度 30 ~ 60cm，较湿润，有机质含量高，一般氮含量中度，磷、钾含量较低，pH6.5 ~ 7.5。

由于小陇山林区特殊的地理位置，加上特殊的环境条件，生物的地理成分、区系成分复杂多样，是甘肃生物种质资源最丰富的地区之一。小陇山林区海拔 2200m 以下主要是以锐齿栎 *Quercus aliena* var. *acuteserrata* Maxim. 和辽东栎 *Quercus liaotungensis* Koidz. 为主的天然林；由于长期破坏和不合理的利用，形成了多代萌生的灌木林，在栎林带内分布华山松 *Pinus armandi* Franch.、油松 *Pinus tabulaeformis* Carr.、山杨 *Populus davidiana* Dode.、漆树 *Toxicodendron verniciflum* F. A. Berkley、冬瓜杨 *Populus purdomii* Rehd.、网脉椴 *Tilia paucicostata* Maxim. var. dictyoneura（V. Engler）Chang et Ma、少脉椴 *Tilia paucicostata* Maxim.、千金榆 *Carpinus cordata* Bl.、甘肃山楂 *Crataegus kansuensis* Wils.、刺楸 *Kalopanax septemlobus* Koidz. 等乔木树种，灌木有美丽胡枝子 *Lespedeza thunbergii* Nakai、光叶绣线菊 *Spiraea japonica* L. f. var. *fortunei* Rehd.、中华绣线菊 *Spiraea chinensis* Maxim.、胡颓子 *Elaeagnus pungens* Thunb.、华北绣线菊 *Spiraea fritschiana* Schneid.、连翘 *Forsytia suspense* Vahl、卫矛 *Euonymus alatus* Sieb.、山豆花 *Lespedeza tomentosa* Sieb. ex Maxim. 等。

4.2.2 林分调查

经营示范区设立在小陇山林业实验局百花林场曼坪工区小阳沟林班。为了解现实林分的状态特征，在林分中设立了 1 块 70m×70m 的全面调查样地，运用全站仪对样地内胸径大于 5cm 的林木全部进行定位，并进行胸径测量、记载每株树木的树种、胸径，同时调查林分的郁闭度、坡度、林分平均高、林层数、幼苗更新和枯立木情况等。

4.2.3 林分状态特征分析

4.2.3.1 林分基本特征因子

根据样地调查资料可知，小阳沟林分起源于天然林，样地平均海拔 1720m，坡度 12°，坡向西北向，林分郁闭度为 0.8，公顷断面积为 27.9 m²/hm²，每公顷有林木 933 株，平均胸径为 19.5cm，运用一元材积表计算，林分的公顷蓄积量为 231.1m³，林分中除主要建群种锐齿栎和山榆外，还有华山松、辽东栎、太白槭、白檀、多毛樱桃、甘肃山楂等共 33 个树种。

4.2.3.2 树种组成数量特征

小阳沟林分中树种丰富，林分中包括了大多数小陇山林区常见树种，在分析林分树种组成数量特征和结构特征时仅以林分中断面积比例较大的前 10 个树种为例。表 4 - 11 为断面积比例较大的前 10 个树种的数量组成特征。

表 4 - 11　小阳沟样地经营前树种组成的数量特征

树　种	株数（株/hm²）	相对多度（%）	断面积（m²/hm²）	相对显著度（%）	胸 径（cm）		
					最小	最大	平均
锐齿栎	216	0.232	13.877	0.498	5.6	56.1	28.6
山　榆	82	0.088	4.566	0.164	6.5	44.0	26.7
华山松	94	0.101	1.818	0.065	5.0	33.2	15.7
辽东栎	18	0.020	1.350	0.049	7.4	55.0	30.7
太白槭	131	0.140	1.026	0.037	5.0	21.3	10.0
山核桃	6	0.007	0.683	0.025	5.5	61.0	37.7
茶条槭	47	0.050	0.673	0.024	5.0	31.3	13.5
多毛樱桃	57	0.061	0.493	0.018	5.1	24.7	10.5
鹅　椴	6	0.007	0.416	0.015	14.3	36.1	24.4
甘肃山楂	73	0.079	0.304	0.011	5.1	16.4	7.3

　　由表 4 – 11 可以看出，小阳沟天然林分断面积比例排在前 10 位的树种中，锐齿栎无论是株数比例还是断面积比例在所有树种中都是最大的，其株数比例占到全林株数的 1/5 强，而其断面积比例几乎占全林分的一半，达到了 49.8%，锐齿栎的平均胸径达到了 28.6cm，最大的则达到了 56.1cm。林分中山榆的相对显著度也较大，达到了 16.4%，但其株数相对较少，只占林分总株数的 4.6%，山榆的胸径较大，平均胸径达到了 26.7cm。林分中华山松和太白槭的株数比例较山榆大，均达到了 10% 以上，但这两个树种的断面积比例相对较低，华山松的断面积比例为 6% 左右，而太白槭不到 4%，这两个树种在林分中以中、小径木居多。林分中其他树种的株数比例和断面积比例都比较低。

4.2.3.2　林分直径分布特征

　　以 5cm 为起测径，以 2cm 为径阶步长对小阳沟林分内所有胸径大于 5cm 林木的直径分布结构进行了分析（图 4 – 24）。由图可以看出，小阳沟林分的直径分布范围

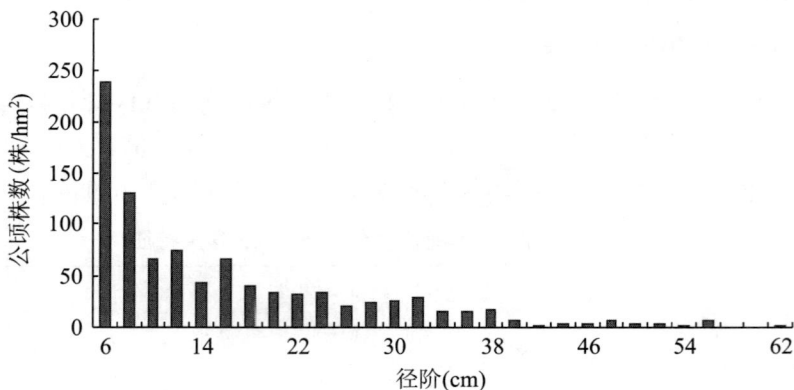

图 4 – 24　小阳沟林分直径分布特征

较宽，最大径阶达到了 62cm；林分中胸径在 5 ~ 16cm 的林木株数占样地总株数的 59.1% 林，其中，胸径在 5 ~ 9cm 间的林木占总株数的 39.6%，说明样地内小径阶的林木占相当大的比重；随着径阶的增大，林木株数急剧减少，当胸径达到 18cm 后，各径阶林木株数分布变化开始变的平缓。运用负指数函数对样地的直径分布进行拟合，拟合方程为 $y = 260.402e^{-0.158x}$（$R^2 = 0.946$），样地林木直径分布的 q 均值为 1.372，落在了 1.2 ~ 1.7 之间，株数分布合理。

4.2.3.3　林分空间结构特征

　　运用全站仪对样地内所有胸径在大于 5cm 的林木进行定位，并用林分空间结构分析软件 Winkelmass 对小阳沟林分的空间结构特征进行分析，分析结果表明，小阳

沟林分的平均角尺度为 0.492，林分内林木的分布格局属于随机分布；图 4 - 25 为小阳沟林分的点格局和角尺分布图。林分平均混交为 0.806，属于强度混交向极强度混交过渡的状态，运用修正的林分混交度公式计算的林分树种隔离程度为 0.593，样地林平均林层数为 2.7，垂直结构为复层林。图 4 - 26 为林分混交度分布。

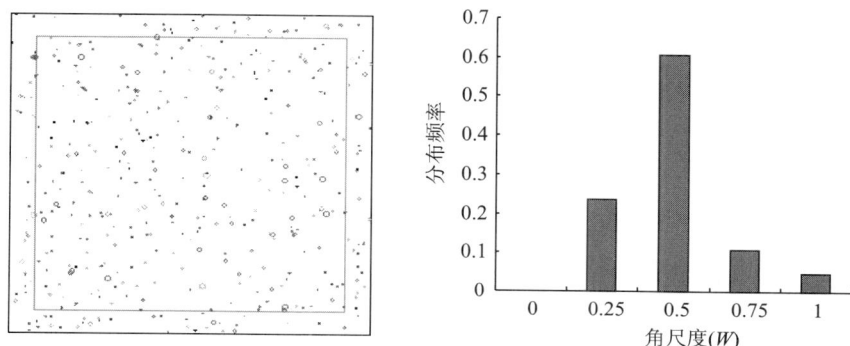

图 4 - 25　小阳沟林分林木点格局及角尺度分布

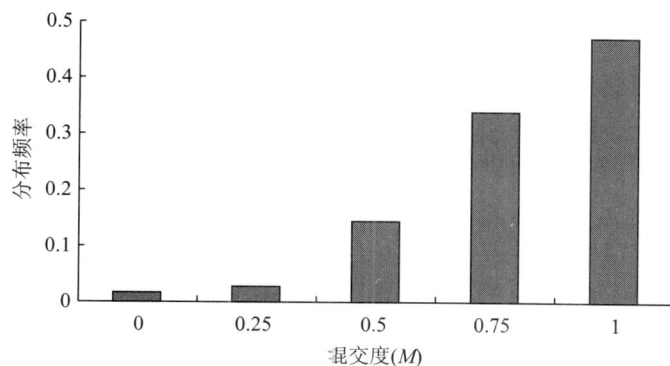

图 4 - 26　小阳沟林分林木混交度分布

　　样地内林木的大小分化程度及各树种的竞争状态运用大小比数和优势度进行分析。由于小阳沟林分中树种比较多，分析每一个树种的大小分化程度和在林分中的竞争状态数据量较大，而且对于经营而言，也没有必要对每一个树种进行分析，这里仅对断面积比例较大的前十个树种进行分析。图 4 - 27 为各树种的平均大小比数。平均大小比数反映了林分中树种在其作为参照树时与最近 4 株相邻木构成的结构单元中的优势程度，从图 4 - 27 可以看出，林分中鄂椴、山榆、锐齿栎、辽东栎和山核桃明显占优势，而茶条槭、华山松、多毛樱桃、甘肃山楂和太白槭整体上处于劣势。

　　图 4 - 28 是林分断面积比例较大的前 10 个树种运用相对显著度与平均大小

比数相结合的树种优势程度。根据优势度的定义，树种的优势度值越大，树种在林分中的优势程度越大，由图可以看出，锐齿栎和山榆的优势程度明显较其他树种高，二者的优势度值分别为 0.611 和 0.356；辽东栎和华山松的优势度相差不大，排在第三位和第四位，它们的优势度值分别是 0.186 和 0.168，其他几个树种的优势程度较低。树种优势度可以说明，小阳沟林分以锐齿栎和山榆为主要建群种的锐齿栎天然林，其他树种在林分中为伴生树种。

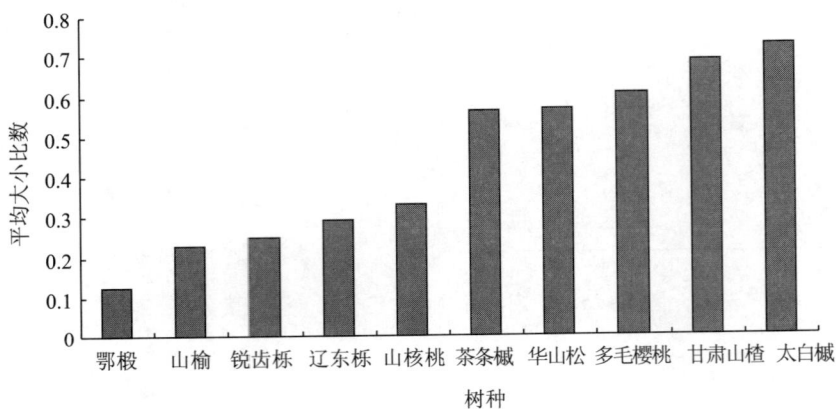

图 4 - 27　小阳沟林分树种平均大小比数

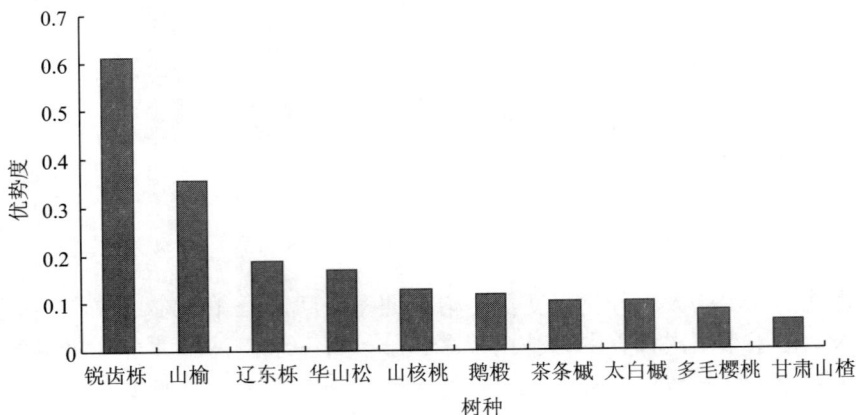

图 4 - 28　小阳沟林分树种优势度

4.2.3.4　林分树种多样性及更新分析

以林分中的乔木树种为基础，统计达到起测径的各树种单木的频度和显著度，运用 4 种多样性指数对林分的多样性进行统计分析。林分树种多样性统计结果表明，小阳沟林分树种组成丰富，树种数达到了 33 个，Shannon – Wiener 多样性指数为 2.591，Margalef 物种丰富度指数达到了 5.225；Simpson 优势度指数为 0.889，Pielou 均匀度指数为 0.741，Simpson 指数和 Pielou 指数表明林分中优势树种的集中性较大，各树种分配约均匀程度较高。

表 4 – 12 为小阳沟林分更新调查统计结果。由表中数据可以看出，林分中幼树幼苗各个高度级均达到了更新良好的标准，大于 30cm 高度级的更新幼苗则远远超过更新良好的评判标准，林分内更新幼树幼苗总数达到了 21340 株/hm²，小阳沟天然林林下更新状况良好。

表 4 – 12 小阳沟锐齿栎天然林更新统计情况 单位：株/hm²

等级	幼苗高度级（cm）			总计
	<30	30 ~ 49	≥50	
小阳沟	5660	8200	7480	21340

4.2.4 林分经营方向确定

在完成对林分的调查和状态分析的基础上，运用林分自然度度量方法和经营迫切性评价方法对林分的状态特征进行评价，并以此为依据确定林分的经营方向。小阳沟林分自然度评价结果为原生性次生林状态，自然度等为 6，林分经营迫切评价如表 4 – 13 所示。

表 4 – 13 小阳沟林分经营迫切性评价指标值

样地	林分结构因子实际值/林分结构指标的取值（S_i）								
	林分平均角尺度	优势度	树种多样性	成层性	直径分布	树种组成	天然更新	健康林木比例(%)	林木成熟度
小阳沟	0.492/0	0.611/0	0.593/0	2.7/0	1.372/0	5锐2榆3其他/1	良好/0	95.3/0	72.5%/1

由表 4 – 13 可以看出，小阳沟林分的林木分布格局为随机分布，顶极树种的优势度和树种多样性较高，直径分布为典型倒"J"形分布，天然更新良好，林木健康，是典型的复层异龄混交林。但从林分的树种组成可以看出，林分只有锐齿栎和山榆的断面积比例达到了 1 成以上，因而该项指标未达到标准值；此外，林分中大径木的蓄积量达到了总蓄积量的 72.5%，超过了林木成熟度的规定标准；小阳沟林分经营迫切性指数值为 0.222，迫切性等级为比较迫切。

从林分自然度和经营迫切性评价可以看出，小阳沟林分经营方向为：调整林分树种组成，提高林分其他伴生树种的比例，使树种组成更加合理，同时，在兼顾林分空间结构和非空间结构不发生改变和生态效益不减弱的前提下，择伐利用部分成熟林木，产生一定的经济效益。

4.2.5 林分经营设计

根据小阳沟林分状态分析确定了经营方向，对林分进行经营设计。本次经营根据结构化森林经营有关天然林抚育采伐技术要求，择伐利用林分中的部分成熟林木，在进行选木挂号时，选择采伐木和保留木时应该充分考虑林分的结构特征，保证林分的结构在经营前后不发生改变，顶极树种在林分中的优势程度不降低，同时，还要使培育目标树对其最近相邻木具有竞争优势。在小陇山林区，顶极树种栎类年龄在80年左右达到成熟，此时的胸径一般可达到40cm左右，在立地条件较好的地方，能够达到50cm以上，因此，在进行采伐利用时将栎类的目标直径定为40cm；山榆耐干旱瘠薄，根系发达，萌蘖性强，在小陇山林区目标直径定为25cm。表4-14为小阳沟样地采伐木汇总表。

表4-14 小阳沟样地采伐木汇总表

树　种	树号	胸径（cm）	采伐原因
山　榆	5	30.4	达到目标直径，采伐利用
山　榆	12	28.7	达到目标直径，采伐利用
山　榆	25	26.2	弯曲，接近成熟，无培育前途
华山松	30	12.7	受29号山榆（$D=24.2cm$）挤压，无培育前途
辽东栎	44	52.8	挤压46号华山松（$D=10.9cm$），林木成熟，采伐利用
锐齿栎	52	49.3	达到目标直径，采伐利用
锐齿栎	60	30.6	调节竞争，挤压50号华山松（$D=16.3cm$）
桑　树	71	6.2	长势不良，没有培育前途
锐齿栎	74	39.8	达到目标直径，采伐利用
锐齿栎	75	45	达到目标直径，采伐利用
太白械	88	13.8	与87号树太白械（$D=16.5cm$）竞争，调整混交
太白械	117	7.2	与116号华山松（$D=6.8cm$）竞争
锐齿栎	147	47	达到目标直径，采伐利用
锐齿栎	159	29.4	调整混交

（续）

树　种	树号	胸径（cm）	采伐原因
杜　梨	164	33.6	调节竞争，影响165号辽东栎（$D = 31.2cm$）生长
锐齿栎	199	27.3	调整混交和竞争，影响204号华山松（$D = 5.7cm$）生长
锐齿栎	200	31.4	调整混交和竞争，影响204号华山松（$D = 5.7cm$）生长
山核桃	215	61	达到目标直径，采伐利用
锐齿栎	222	21.5	调节竞争，影响219号华山松（$D = 13.4cm$）生长
山　榆	227	35.6	采伐利压，调节竞争，影响226号华山松（$D = 10.7cm$）生长
锐齿栎	248	34.2	调节竞争，影响249号漆树（$D = 11.8cm$）生长
多毛樱桃	250	15.4	长势不佳，没有培育前途
湖北海棠	252	9.5	调节混交，与251号湖北海棠（$D = 9.3cm$）竞争
甘肃山楂	270	7.3	受269号锐齿栎挤压，无培育前途
锐齿栎	273	28.9	调节竞争，影响275号华山松（$D = 11.5cm$）生长
锐齿栎	274	23.8	调节竞争，影响275号华山松（$D = 11.5cm$）生长
锐齿栎	303	46.3	达到目标直径，采伐利用
甘肃山楂	344	5.8	生长不佳，无培育前途
甘肃山楂	345	6.7	生长不佳，无培育前途
湖北花楸	346	5.9	弯曲、空心，濒临死亡
锐齿栎	368	11.8	受369号山榆（$D = 20.9$）挤压，无培育前途
锐齿栎	370	24.6	调节混交
锐齿栎	372	17.6	调节混交
锐齿栎	380	36.0	与379号锐齿栎（$D = 39.5cm$）竞争，影响381号三桠乌药（$D = 8.3cm$）生长，调节混交
锐齿栎	393	51.6	达到目标直径，采伐利用
锐齿栎	395	19.2	调节竞争，受396号锐齿栎（$D = 27.1cm$）挤压，无培育前途
白　桦	408	19.8	调节竞争和混交，受409号白桦（$D = 25.1cm$）挤压

（续）

树　种	树号	胸径（cm）	采伐原因
锐齿栎	419	19.9	调节混交
锐齿栎	420	26.5	调节竞争，影响 421 号华山松（$D=6.2$cm）
锐齿栎	439	18.1	调节混交
茶条槭	465	11.5	调节混交
茶条槭	470	5.3	调节混交
锐齿栎	475	31.4	调节竞争，影响 476 号华山松（$D=5.0$）生长
青皮槭	479	11.0	长势不佳，无培育前途
锐齿栎	499	16.3	长势不佳，无培育前途

从小阳沟采伐木汇总表可以看出，本次经营在 70m × 70m 的经营样地中共采伐林木 45 株，涉及 15 个树种，其中锐齿栎 24 株、辽东栎、华山松、白桦、杜梨、多毛樱桃、湖北海棠、湖北花楸、桑树、山核桃、青皮槭各 1 株、甘肃山楂 3 株、山榆 4 株、太白槭 2 株。

4.2.6　经营效果评价

由于小阳沟样地的经营方向是以调整树种组成，采伐利用部分达到目标直径林木为经营目标，因此，在对林分经营的效果方面不仅要从林分的空间利用程度、树种多样性、建群种的竞争态势以及林分组成等方面进行评价，而且还要对经营的成本和效益进行分析，只有取得了生态效益和经济效益的双赢，才达到了经营目标。

4.2.6.1　空间利用程度评价

小阳沟样地经营后林分达到起测胸径的林木株数是 412 株，共采伐林木 45 株，采伐断面积 2.98m²，采伐株数强度 9.9%，断面积蓄积强度 10.9%，属于轻度干扰，运用二元材积表计算采伐蓄积为 26.1m³，占林分总蓄积的 23%。

运用空间结构分析软件计算经营后林分的平均角尺度为 0.480，属于［0.475，0.517］范围，经营后林木的分布格局仍为随机分布，经营前后林木的分布格局没有变化。

4.2.6.2　树种多样性评价

小阳沟林分经营采伐过程中涉及到了 15 个树种，林分中珍贵稀有树种都作为保留木得到了保护，因此，林分中稀有树种有无损率为 100%。但由于样地中仅有一株湖北花楸，而该株树弯曲、空心，已濒临死亡，为避免产生病虫害对其进行了采伐，因此，经营后林分中的树种数变为 32 种，林分中的树种数较经营前下降。统计分析经营后的树种多样性可知，经营后的 Shannon – Wiener 多样性指数和 Simpson 多样性指数分别为 2.607 和 0.895，都较经营前有所上升，说明经营后林分的多样性和优势树种的集中性增加，Pielou 均匀度指数和 Margalef 物种丰富度指数分别为 0.752 和 5.148，较经营前有所下降，这是由于采伐了林分中仅有的一株湖北花楸而导致林分中树种数减少，同时，采伐也使林分各树种个体数目分配的均匀程度有所下降。经营后林分的平均混交度为 0.813，较经营前的林分平均混交有所增加；运用修正的林分平均混交度计算经营后的林分的树种隔离程度为 0.612，较经营前的 0.593 有所上升，由此说明经营后林分的树种隔离程度增加，林分的树种多样性增加。

4.2.6.3　树种组成评价

表 4 – 15 为经营后小阳沟林分中树种断面积组成排在前 10 位的树种。由表 4 – 15 和表 4 – 11 可以看出，经营后林分中树种断面积组成发生了变化，树种断面积比例排在前 10 的树种除山核桃外没有发生变化，经营后少脉椴的断面积比例排入前 10 位；经营后，锐齿栎和辽东栎的断面积比例有所下降，其中锐齿栎下降了 4.5 个百分点，其他几个树种的断面积比例均有所上升，其中华山松和山榆的断面积比例上升近 2 个百分点。锐齿栎在经营前后最大胸径和最小胸径没有发生变化，但平均胸径有所减小；虽然此次经营的重点是择伐利用，但仍在林分中保留了个别大径木，这是由于在标记采伐木时考虑大径木周边树木的情况，为避免产生过大的林窗，土壤裸露，造成水土流失，同时，在林分中保留个别大径木或古树也具有一定文化和美学价值。

表 4 – 15　小阳沟样地经营后树种组成的数量特征

树　种	株数（株/hm²）	相对多度（%）	断面积（m²/hm²）	相对显著度（%）	胸　径（cm）		
					最小	最大	平均
锐齿栎	167	0.199	4.835	0.453	5.6	56.1	27.3
山　榆	73	0.087	1.947	0.183	6.5	44.0	26.2
华山松	92	0.109	0.878	0.082	5.0	33.2	15.8
太白械	127	0.150	0.484	0.045	5.0	21.3	10.0
辽东栎	16	0.019	0.447	0.042	7.4	55.0	26.7

（续）

树　种	株数 （株/hm²）	相对多度 （%）	断面积 （m²/hm²）	相对显著度 （%）	胸　径（cm）		
					最小	最大	平均
茶条槭	43	0.051	0.317	0.030	5.0	31.3	13.9
多毛樱桃	55	0.066	0.223	0.021	5.1	24.7	10.3
鹅　椴	6	0.007	0.204	0.019	14.3	36.1	29.4
甘肃山楂	67	0.080	0.139	0.013	5.1	16.4	7.3
少脉椴	8	0.010	0.135	0.013	5.4	37.8	20.7

　　图 4 – 29 为经营前后林分的直径分布情况。由图可以看出，经营前后林分的直径分布仍为倒"J"形的特性，运用负指数函数对经营后林分的直径分布进行拟合，拟合方程分别为（$R^2 = 0.954$）；经营样地的直径分布 q 均值为 1.416，属于合理异龄林直径分布。经营后林分的径阶分布范围较经营前有所减小，最大径阶由 62cm 变化为 57cm，这是由于采伐利用了林分内胸径为 61cm，树高为 22.5m 的山核桃，其他径阶上均有林木分布，经营为保证了林分直径结构的稳定。

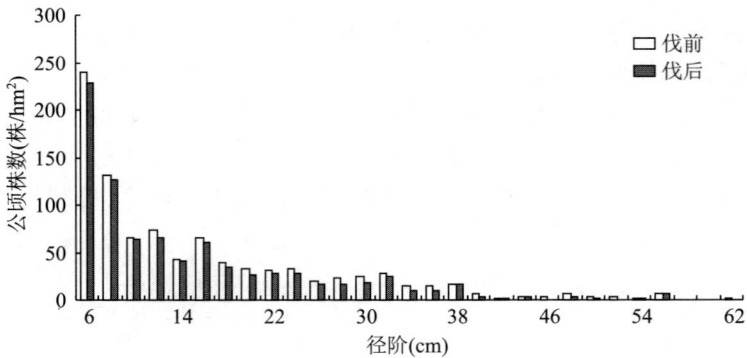

图 4 – 29　小阳沟林分经营前后林分直径分布变化

4. 2. 6. 4　树种的竞争态势

　　小阳沟林分经营后树种断面积比例排在前 10 位的树种发生了轻微的变化，在对林分的各树种的竞争态势进行评价时，对经营前后林分中断面积比例排在前 10 位的树种优势度进行分析。图 4 – 30 是林分中 11 个树种优势度在经营前后的变化情况。由图可以看出，经营后锐齿栎、辽东栎和山核桃 3 个树种的优

势度明显下降，其中，山核桃的优势度下降最大，其优势度值由经营前的
0.128 下降到经营后的 0.045，锐齿栎的优势度虽然有所下降，但并不影响其在
林分中的优势地位；林分中其他树种的优势有所上升，太白榆的优势度上升最
为明显，其次为多毛樱桃、华山松、山榆、鄂椴、茶条槭、甘肃山楂和少脉椴。

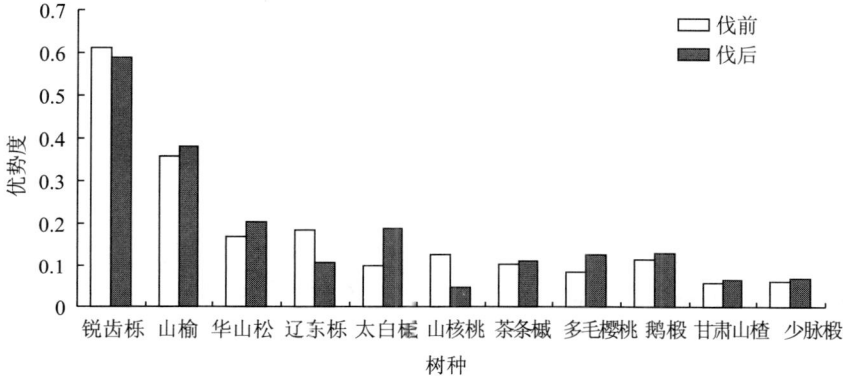

图 4-30 小阳沟林分经营前后树种优势度变化

4.2.6.5 效益分析

本次经营在 $70m \times 70m$ 的样地中共采伐林木 45 株，采伐蓄积为 $26.1m^3$，占
林分总蓄积的 23%，每公顷能出商品材 $53.3m^3$。按小陇山林区的平均出材率
60% 计算，本次经营样地中能出商品材 $15.7m^3$，收入为 9396 元，可利用采伐
剩余物销售收入 2506 元，合计 11902 元；小陇山林区每产出 $1m^3$ 木材所需要的
成本约为 150 元，本次经营成本约为 3915 元，经营总盈余 7987 元。以培育健
康和稳定的森林为主要目标，运用结构化森林经营技术调整了林分的树种组成，
为保留下的林木生长创造良好的条件，有利于生物多样性的保护，提高森林抵
御自然灾害的能力，充分发挥森林的多种防护效能，切实有效地保护森林及林
区环境，将有助于加强森林的生态防护功能，具有良好的生态效益；另外，组
织林区群众参加结构化森林经营实践，增强了群众保护和培育森林的意识，加
深了林区居民对科学经营森林的认识，同时对增加林区群众收入，帮助林区群
众脱贫致富奔小康具有一定的现实意义。因此，本次经营保证了林分发挥更好
的生态效益，兼顾了经济效益和社会效益，对于提高森林经营的技术水平，保
护和发展天然林资源，促进生态与经济需求的有机结合，具有极其重要的意义。

综上述，小陇山百花林场小阳沟林分通过本次经营，林分的树种组成得到
调整，林分中的各树种的优势程度发生了一定的改变，树种的竞争关系得到了
进一步的改善，减小了培育目标树的竞争压力，加速林分自然稀疏进程，有利

于林分质量的提高和保留林木的生长。通过此次经营，林分的卫生状况大为改善，生活机能大大增强，增加了林木对不良气候条件和病虫害的抵抗力，减免了森林火灾发生的可能性，此外，还产生了一定的经济效益。因此，本次经营提高了林分质量、调节了树种组成、促进了林木生长、提高了木材利用率和生态效能，既取得良好的经济效益，又实现了生态效益、经济效益和社会效益的统一。

4.3　贵州常绿阔叶混交林经营实践

4.3.1　研究区概况

研究林分位于贵州省黎平县境内（108°37′~109°31′E，25°17′~26°44′N），属于亚热带湿润常绿阔叶林区，年平均气温 15.6℃，极端最高气温 35℃，极端最低气温 −7.5℃，年平均降水量 1330mm，年平均日照时数 1317.9 小时，无霜期 282 天，夏无酷暑，冬无严寒。区内的地带性土壤为山地黄棕壤，黄壤和红壤为主，富铝化作用明显，土壤呈微酸至酸性，pH4~6.8。原始森林植被为典型的常绿阔叶林，分布于海拔 1300m 以下，但由于长期以来的垦殖和破坏，这种原生型的常绿阔叶林已不多见，仅存于边远偏僻而人迹罕至的山岭上部或陡峭湿润的沟谷之中。境内海拔 400~900m 的低中山下部及低山、丘陵主要分布栲类林，青冈栎林，铁坚杉林，落叶、常绿阔叶混交，麻栎林，杉木林，马尾松林等，主要树种有钩栲、罗浮栲、青冈栎、米槠、甜槠、贵州栲、木荷、虎皮楠、枫香、麻栎等，下木有柃木、盐肤木、山胡椒等，草本层以铁芒萁、白茅、狗脊、里白、禾草、蕨等；境内 900~2000m 的中山、低中山上部主要分布水青冈林，鹅掌楸林，岭南石栎、水青冈林，亮叶桦、枫香林，杉木林、枫香林，冷箭竹群落等，主要树种有水青冈、亮叶水青冈、铁橡树、亮叶桦、杉木、檫木、木荷、五裂槭等，下木有箭竹、三尖杉、杜鹃、柃木等，草本稀少，主要有水芝麻、蕨类、禾草、白茅等。

4.3.2　林分调查

在高屯镇常绿阔叶混交林中设立了两个 50m × 60m 的长方形样地（样地 A 和样地 B，样地 B 为对照样地），在德凤镇天然针阔混交林中设立了 1 个 50m × 60m 的长方形样地（样地 C）和 1 个 50m × 50m 的方形对照样地（样地 D）。调查样地的郁闭度、坡度、林分平均高、树种、直径、林下更新及其结构参数。以样地内的所有大于 5cm 的树木为参照树，进行每木检尺，以激光判角器作为辅助设备，调查每个结构单元中的树种名、树种数、角尺度、混交度和大小比数等结构指标；随机选取一部分林木，用激光测高仪测定林分的平均高；在样地 4 个顶点及中心设置 10m×10m 的小样方 5 个，调查更新乔木树种的种类、高度、生长状况和更新株数等。

4.3.3　林分状态特征分析

在该试验点进行经营实践时，针对不同的林分类型设置了一个经营样地和一个对照样地，因此，在林分状态特征分析时只针对经营样地进行分析，此外，在林分经营迫切性评价中，已对该试验点的 4 个样地林分基本特征因子作了介绍，此处不再赘述。

4.3.3.1　主要组成树种数量特征

常绿阔叶混交林（样地 A）以青冈栎为主要组成树种，针阔混交林（样地 C）树种组成较为复杂，主要组成树种有马尾松、麻栎、杉木、枫树等，常绿阔叶交林的树种组成数量特征在前文已介绍（参见表 3-7）。表 4-16 列出了针阔混交林样地树种组成的数量特征。

表 4-16　针阔混交林 C 样地树种组成的数量特征

树　种	株数（株/hm²）	相对多度（%）	断面积（m²/hm²）	相对显著度（%）	胸径（cm）		
					最小	最大	平均
马尾松	123	13.03	1.877	22.32	25.0	5.1	13.9
野樱桃	90	9.51	0.555	6.60	19.2	5.4	8.9
杉　木	80	8.45	1.138	13.53	23.7	5.2	13.5
润　楠	73	7.75	0.443	5.27	15.3	5.5	8.8
枫　树	73	7.75	0.725	8.63	18.5	5.4	11.2
麻　栎	63	6.69	0.393	4.68	14.0	5.1	8.9
桤　木	53	5.63	0.167	1.99	8.0	5.0	6.3
刺　楸	43	4.58	0.618	7.35	20.2	5.9	13.5
杨　梅	40	4.23	0.215	2.56	12.0	5.1	8.3
山合欢	37	3.87	0.217	2.58	11.8	5.5	8.7
野青冈	33	3.52	0.208	2.47	15.8	5.1	8.9
香　樟	33	3.52	0.202	2.40	14.1	5.0	8.8
锥　栗	30	3.17	0.308	3.66	19.6	5.4	11.4

（续）

树　种	株数 （株/hm²）	相对多度 （%）	断面积 （m²/hm²）	相对显著度 （%）	胸　径（cm）		
					最小	最大	平均
乌饭树	30	3.17	0.179	2.13	16.2	5.2	8.7
山　矾	17	1.76	0.064	0.76	10.6	5.5	7.0
檫　木	13	1.41	0.161	1.92	15.7	8.9	12.4
柿　树	13	1.41	0.071	0.85	9.9	7.3	8.2
核　桃	13	1.41	0.070	0.83	9.5	5.6	8.2
光皮桦	13	1.41	0.047	0.56	7.7	5.4	6.7
山杜英	13	1.41	0.270	3.21	25.4	10.3	16.0
白　栎	10	1.06	0.057	0.67	10.2	5.6	8.5
漆　树	10	1.06	0.023	0.27	5.0	6.0	5.4

由表 4 - 16 可以看出，在针阔混交林经营样地中，公顷株数在 10 株以上的树种较多，达到了 22 个种，马尾松在林分的株数和断面积是最大的，但相对多度和相对显著度也分别只有 13.03% 和 22.32%，马尾松的平均胸径为 13.9cm，最大为 25cm；野樱桃、杉木、润楠和枫树的公顷株数分别为 90、80、73 和 73 株，差别不大，其中只有杉木的总断面积超过了 1m²，相对显著度达到了 13.53%，在林分中仅次于马尾松，其他几个树种的相对显著度都在 10% 以下；麻栎、桤木、刺楸和杨梅的公顷株数介于 40～65 株之间，其中，刺楸的平均胸径较大，相对的显著度为 7.35%，在林分中总断面积排在了第四位；山合欢、野青冈、香樟、锥栗和乌饭树的相对多度在 3% 左右，相对显著度也在 3% 左右，其中锥栗的相对显著度较大一些，达到了 3.66%，但其公顷株数只有的 30 株；林分中其余树种的株数都在 20 株以下，其中山杜英的株数只有 10 株，但山杜英的平均胸径是在公顷株数超过 10 株以上树种中最大的，达到了 16cm。以上分析表明，在该样地中，树种组成复杂，没有处于绝对优势的树种，林木个体的胸径较小。

4.3.3.2　林分直径分布特征

图 4 - 31 为常绿阔叶混交林样地和针阔混交林样地的直径分布情况。

由图 4 - 31 可以看出，常绿阔叶混交林经营样地的直径分布的幅度较广，最大径阶为 62cm，总体上均表现为多峰山状的分布特征。运用负指数函数对该林分的直径分布进行拟合，拟合方程为 $y = 107.474e^{0.0555x}$，R^2 为 0.915，其 q 值为 1.117，没有落在 [1.3, 1.7] 之间，直径分布不合理。针阔混交林的直径

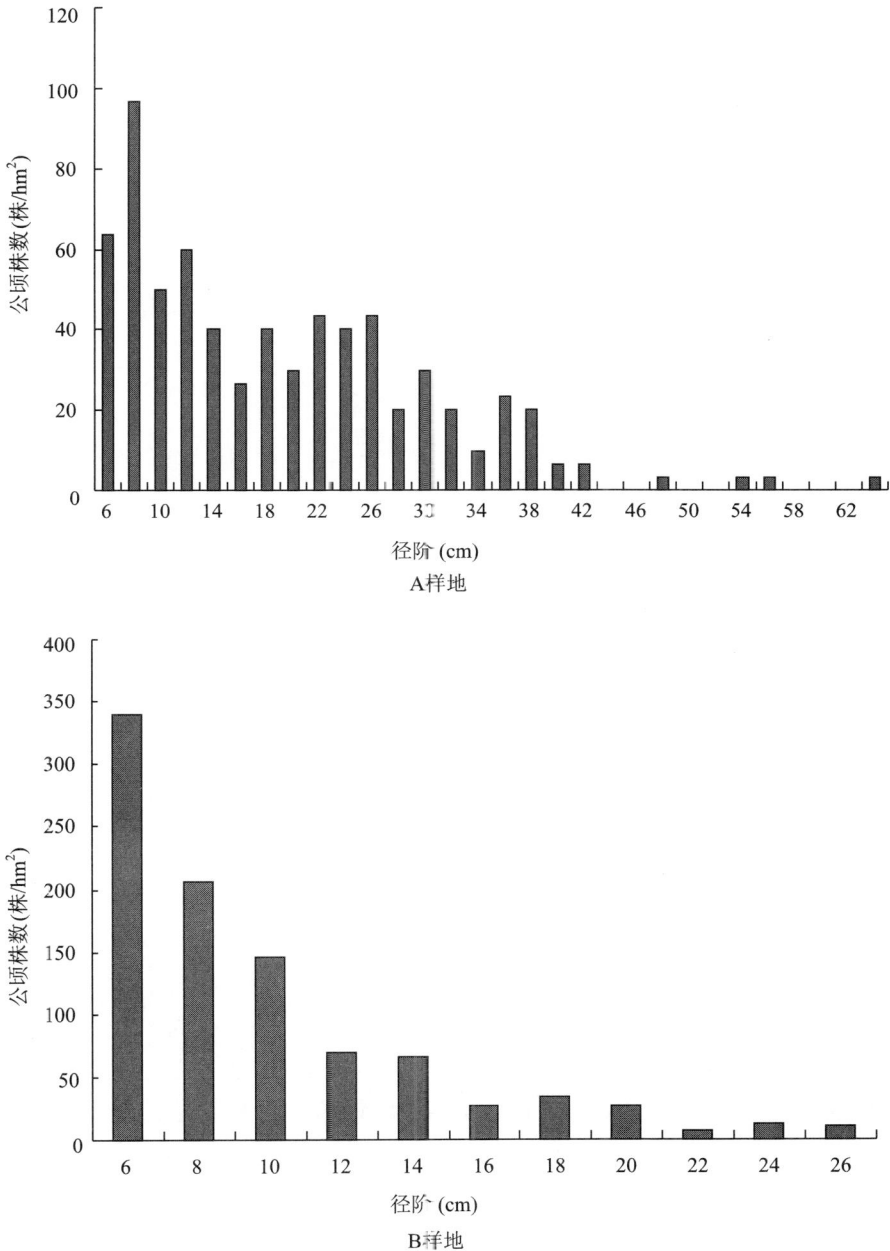

图 4 - 31　经营样地直径分布图

分布与常绿阔叶林混交林明显不同，林分的直径分布的幅度较窄，最大径阶为 26cm，总体表现为小径木的比例占多数，随着径阶的增大，林木分布的比例急剧下降，当达到一定径阶后开始减少的幅度变的平缓。用负指数函数对该样地的直径分布进行拟合，方程为 $y = 1288.153e^{-0.2238x}$，R^2 为 0.995，其 q 值为 1.565，落在了典型异龄林直径分布的范围内，直径分布合理。

4.3.3.3 林分空间结构特征

在林分空间结构调查时，虽然没有对林分内每株林木进行定位，但仍可将每株胸径大于 5cm 的林木作为参照树，以激光判角器为辅助工具，调查林分的空间结构参数。图 4 – 32 和图 4 – 33 分别是 2 块经营样地的角尺度分布和混交度分布图。

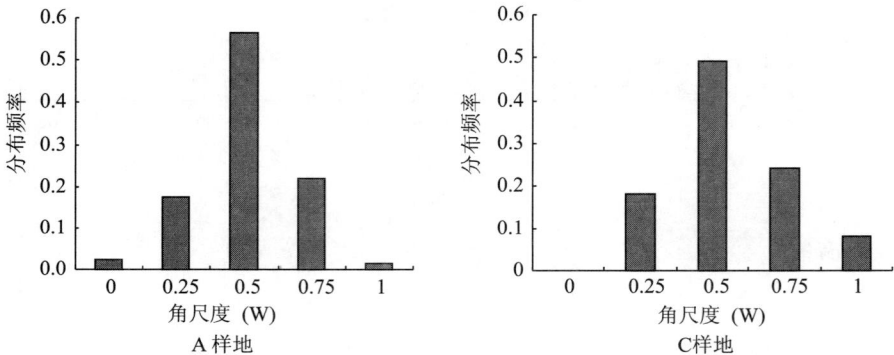

图 4 – 32　经营样地角尺度分布图

从图 4 – 32 可以看出，在阔叶混交林经营样地中，$W_i = 0.5$ 的比例为 56.6%，说明参照树与其最近 4 株相邻木组成的结构单元中，大多数相邻木随机分布在参照树的周围；林分中角尺度为 $W_i = 0$ 或 $W_i = 1$ 的比例较少，即最近相邻木绝对均匀或聚集分布在参照树周围这两种极端情况的比例相对较少，分别只有 2.4% 和 1.5%，处于均匀或很不均匀的比例也不是很高，分别为 17.6% 和 22%。总体而言，林分中处于 $W_i = 0.5$ 两侧的比例分布相差不大，林分的平均角尺度为 0.506，属于随机分布的范畴。在针阔混交林经营样地中，角尺度分布在 0.5 两侧的比例不同，右侧明显大于左侧，林木个体的角尺度没有处于绝对均匀分布的现象，即没有 $W_i = 0$ 的结构单元，林分中处于随机分布的比例为 49.3%，处于均匀或很不均匀的比例分别为 18.3% 和 24.3%；林分平均角尺度为 0.555，大于 0.517，说明林分中林木个体的整体分布格局为团状分布。

由图 4 – 33 可以看出，常绿阔叶混交林经营样地中，结构单元中的参照树处于弱度、中度和极强度混交的比例相差不大，分别为 19.5%，18.0% 和 18.5%，总计为 56.1%，处于零度混交的比例为 9.2%；结构单元中参照树的混交度为强

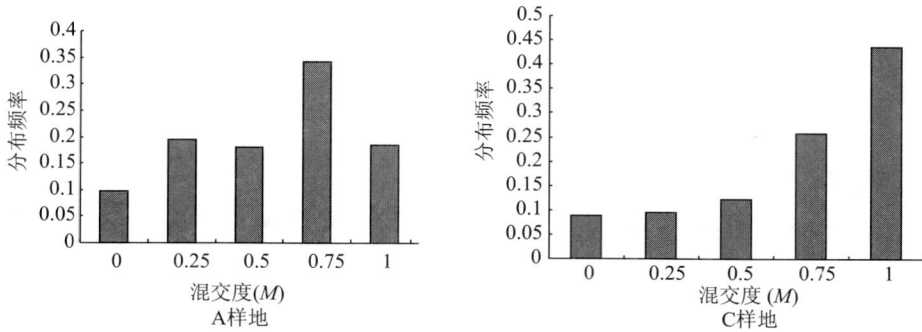

图4-33　常绿阔叶林混交度分布

度混交的比例最大，达到了34.1%，也就是说，林分中有1/3以上的林木个体的最近相邻木中有3株与之为不同的树种；林分的平均混交度为0.580，处于中度混交向强度混交过渡的状态，林分的树种组成相对的简单，树种多样性也较低。针阔混交林经营样地的混交度分布从零度混交到极强度混交的比例呈上升的趋势，结构单元中，参照树处于零度混交和弱度混交的比例分别为8.8%和9.5%，而处于中度混交的比例也不高，仅为12.3%，这三者的比例之和也不到全样地林木的1/3；处于强度混交和极强度混交的比例分别为25.7%和43.7%，林分的平均混交度为0.714，林分中大多数林木与其他树种相伴而生，树种隔离程度较高，这与该林分中树种组成复杂、各树种的株数比例相差不大密切相关。

由于两个经营样地的树种组成成分较复杂，逐个树种分析比较繁琐，也没有必要，因此，在分析经营林分树种的优势程度时，将林分中的树种按在林分的作用划分为3个树种组，即先锋树种组、伴生树种组和顶极树种组（表4-17）。

表4-17　常绿阔叶林和针阔混交林各样地树种组优势度

树种组	样地					
	常绿阔叶A样地			针阔混交C样地		
	G_g	$\overline{U}_{sp}$	D_{sp}	D_g	$\overline{U}_{sp}$	D_{sp}
顶极树种组	0.782	0.419	0.674	0.074	0.532	0.185
伴生树种组	0.088	0.692	0.165	0.430	0.530	0.450
先锋树种组	0.130	0.422	0.274	0.496	0.505	0.496

由表4-17可以看出，在常绿阔叶混交林经营样地中，顶极树种的相对显著度占明显优势，相对显著度分别0.782，其他树种组的相对显著度都非常低，先锋树种组和伴生树种组的相对显著度分别为0.130和0.088；在A样地中，

顶极树种和先锋树种的平均大小比数相差不大，分别为 0.419 和 0.422，伴生树种组的平均大小比数较大，为 0.692，说明在 A 样地中，顶极树种和先锋树种的个体在胸径上优势程度相差不大，且较伴生树种组的个体胸径大；A 样地中各树种组的优势度排序为：顶极树种组 > 先锋树种组 > 伴生树种组。在针阔混交林经营样地中，先锋树种组的相对显著度最高，达到了 0.496，其次为伴生树种组，顶极树种组的相对显著度最小，仅为 0.074；从各树种组的平均大小比数可以看出，在样地 C 中，各树种组的胸径优势程度均相差不大，平均大小变动在 0.45 ~ 0.55 之间，说明林分中各树种组的个体大小分布均匀，因此，林分中各树种组的优势度取决于树种组的相对显著度；针阔混交林 C 样地各树种组的优势度排序与相对显著度排序相同，优势度排序为：先锋树种组 > 伴生树种组 > 顶极树种组，优势度分别为 0.496、0.450 和 0.185。以上分析可以看出，常绿阔叶混交林群落中以顶极树种组占绝对优势，其他树种组的优势程度相对较低，而在针阔混交林样地中，先锋树种组占优势，伴生树种组和顶极树种组次之。

表 4 – 18　经营样地林层数分布及平均树高

样　　地	林层数／（层）			平均林层数	平均树高（m）
	1	2	3		
	频率分布				
常绿阔叶混交林 A 样地	0.024	0.400	0.576	2.6	10.2
针阔混交林 C 样地	0.292	0.567	0.141	1.8	7.3

在两块经营样地内选择 30 株以上的中等木，测量其树高，并以样地内的每株胸径大于 5cm 的林木为参照树，调查其与最近 4 株相邻木组成的结构单元的林层数，了解林分的垂直结构，结果见表 4 – 18。由表可以看出，在常绿阔叶混交林经营样地中，林木个体的平均树高较低，只有 10.2m，但林木个体处于 3 层结构单元的比例较高，达到了 57.6%，处于 2 层的结构单元比例也达到了 40%，也就是说，在该样地中，97.6% 的林木个体处于的复层结构单元，林分的平均林层数达到了 2.6 层，垂直结构分化明显。在针阔混交林经营样地中，林木的平均高较低，只有 7.3m；林木个体处于 2 层的结构单元的比例是最高的，达到了 56.7%，但处于单层结构的比例也较高，达到了 29.2%，林分的平均林层数为 1.8 层，总体上还是属于单层林。从以上分析可以看出，对于常绿阔叶林来说，经过长期的自然演替，群落中各树种相互竞争，占据了相对稳定的空间位置，林分垂直结构分化明显；对于针阔混交林来说，群落还处于演替的早期阶段，各树种还处于激烈的竞争阶段，优势树种还未占据上层空间，林

分在垂直结构上分化不明显。

4.3.3.4 林分树种多样性分析

表 4 - 19 为以乔木层树种的个体为基础的两个林分树种多样性情况。由该表可以看出，常绿阔叶混交林经营样地的树种组成个数为 20 个，其 Margalef 丰富度指数为 3.569，Shannon - Wiener 多样性指数为 1.880，Simpson 优势度指数和 Pielou 均匀度指数分别为 0.708 和 0.627；针阔混交林经营样地的树种组成最为丰富，林分中的树种数多达 32 个，其 Shannon - Wiener 指数多样性指数、Simpson 优势度指数、Margalef 丰富度指数以及 Pielou 均匀度指数都是最大的，说明该林分的树种多样性较高，树种丰富，优势树种的集中性和各树种个体数目分配的均匀程度都是最高的。以上分析表明，常绿阔叶混交林的树种组成较为简单，树种数较少，多样性较低，针阔叶混交林的树种组成丰富，多样性和均匀度较高。

表 4 - 19 经营样地树种多样性

样　　地	树种数	Shannon - Wiener	Simpson	Pielou	Margalef
常绿阔叶混交林样地	20	1.830	0.708	0.627	3.569
针阔混交林样地	32	2.939	0.936	0.862	5.488

4.3.3.5 林分幼树更新分析

在两个经营样地中的两条对角线上和样地中心点共设立 5 个 10m×10m 的样方，对样方内的幼苗、幼树按小于 30cm、大于 30cm 小于 50cm、大于 50cm 3 个高度级进行分段统计，了解林分的更新情况（表 4 - 20）。

表 4 - 20 常绿阔叶混交林和针阔混交林更新统计情况　　　单位：株/hm²

等　　级	幼苗高度级（cm）			总计（株）
	<30	30 ~ 49	≥50	
常绿阔叶混交林样地	840	1660	5600	8100
针阔混交林样地	2740	3800	10900	17440

表 4 - 20 表明，在小于 30cm 高度级上，两块样地的更新均不良，其中，阔叶混交林样地小于 30cm 高度级上的更新幼苗数较少，只有 840 株/hm²，针阔混交林样地也只有 2740 株/hm²；在大于 30cm 小于 50cm 高度级上，针阔混交林的更新情况较好，达到了 3800 株/hm²，而阔叶混交林样地的更新幼苗株数相对

较少，更新等级为中等；在大于 50cm 高度级，各林分的更新幼苗数均远大于 2500 株/hm²，其中，针阔混交林样地为 10900 株/hm²；不分高度级统计，各样地的更新幼树和幼苗均在 8000 株/hm² 以上，更新良好。以上分析说明，2 个样地的更新总体上来说都是良好的，但小于 30cm 高度级的更新不良，这可能是由于林分的树种组成不同，各树种的更新策略不同，此外，林下的大量杂草可能对更新也有一定的影响。

4.3.4 林分经营方向确定

根据前文林分自然度评价和经营迫切性评价（参见 3.2.6.4 和 3.2.7.4）可知：

①常绿阔叶混交林经营样地的自然度等级为 6，属于原生性次生林状态，经营迫切性评价为比较迫切。追溯造成林分经营迫切性较高的原因是树种组成单一，青冈在林分的比例较高，林分的直径分布不合理，林木个体由于遭受低温雨雪冰冻灾害健康水平较低，因此，该林分的经营方向的主要任务是提高林木个体的健康状况，调整树种组成，降低青冈的比例，促进林分直径结构趋于合理。

②针阔混交经营样地的自然度等级为 5，为次生林状态，林分经营迫切性等级为十分迫切。林木健康水平较低，分布格局为团状分布，顶极树种或乡土树种优势程度不明显，林分垂直结构简单等原因是造成林分急需进行经营的主要原因。因此，该林分的经营方向应该是提高林木的健康水平，调整林木水平分布格局和竞争关系，提高顶极树种或乡土树种的优势程度，增加林分的垂直分层，使之趋于合理。

4.3.5 林分经营设计

根据经营林分迫切性评价确定的经营方向，对两个经营林分进行经营设计。按照结构化森林经营原则，对于常绿阔叶混交林经营样地来说，主要是采用抚育间伐的方法，伐除林分中不健康的林木，特别是不健康的青冈个体，兼顾林分直径结构的调整；对于针阔混交经营林分首先伐除林分中不健康的林木，然后，调整林分的空间结构和树种组成。按照以上思路，2008 年 4 月对上述林分进行采伐木标记，并进行了采伐，表 4 - 21 和表 4 - 22 为两个林分的采伐木情况汇总。

表 4 – 21　常绿阔叶林经营样地采伐木汇总表

树　种	胸径（cm）	采伐原因
冬　青	6.9	受压，无培育前途
青　冈	12.9	受压，弯曲，调整树种组成
青　冈	12.4	断梢，失去生长势，无培育前途
冬　青	11.8	断梢，失去生长势，无培育前途
青　冈	25.1	调整树种组成
青　冈	10.6	顶端枯死
青　冈	11.8	顶端枯死
青　冈	24.2	虫蛀
檫　木	12.8	断梢，失去生长势，无培育前途
青　冈	14	受压、断头、弯曲
冬　青	7.1	分叉，无培育前途
青　冈	17	断梢、受压、结构调整
香　樟	9.4	顶端枯死
枪　木	8.8	弯曲受压，无培育前途
细叶樟	6.5	弯曲受压，无培育前途
青　冈	7.9	断梢，失去生长势，无培育前途
青　冈	12.4	受压、断梢
漆　树	12.5	断梢，失去生长势，无培育前途
枫　树	8.6	受压、无培育前途、混交
青　冈	6.9	受压、无培育前途，调整树种组成
野樱桃	17.7	虫害
青　冈	8.8	断梢，失去生长势，无培育前途
青　冈	8.7	断梢，失去生长势，无培育前途
青　冈	23	断梢、虫害
青　冈	7	弯曲、受压
青　冈	11.8	弯曲、虫害
青　冈	20.4	断梢，失去生长势，无培育前途
野樱桃	17.9	虫害、弯曲

表 4 – 22　针阔混交林经营样地采伐木汇总表

树　种	胸径（cm）	采伐原因
刺　楸	9.5	断梢，失去生长势，无培育前途
香　樟	11.3	断梢，失去生长势，无培育前途
野樱桃	10.4	断梢，虫蛀，避免滋生虫害
麻　栎	8.3	断梢，虫蛀，避免滋生虫害
麻　栎	11.1	断梢，无培育价值
麻　栎	9.4	弯曲，无培育前途
麻　栎	6.4	虫蛀，避免滋生虫害
润　楠	9.1	弯曲，无培育价值
核　桃	5.6	弯曲，无培育价值，调整混交
核　桃	7.8	断梢，失去生长势，无培育前途
野青冈	15.8	分叉，断梢，无培育前途
茅　栗	23.6	倾斜、影响杉木生长，调节竞争
山　矾	5.8	倾斜，无培育价值
野青冈	5.3	分叉，无培育价值
麻　栎	6.2	弯曲、受压，无培育前途
马尾松	18.1	受压，调整林木分布格局
杉　木	14	受压，调整林木分布格局
马尾松	6.6	调整混交和分布格局
马尾松	8.9	受压，调整混交
野樱桃	5.4	受压，无培育前途，调整混交
麻　栎	7.2	受压、调整混交
野樱桃	8.2	虫蛀，避免滋生虫害
野樱桃	7.2	弯曲，无培育前途，调整混交和分布格局
麻　栎	14	断梢，失去生长势，无培育前途
杨　梅	7.6	基部丛生、调整混交
杨　梅	7.2	基部丛生、调整混交
杨　梅	10.7	弯曲，断梢
马尾松	5.8	断梢、无培育前途、调整混交
马尾松	5.4	断梢、无培育前途、调整混交
马尾松	6.5	断梢，失去生长势，无培育前途
马尾松	10.2	分叉，无培育前途
枫　香	14.1	分叉，无培育前途
润　楠	6.2	弯曲，无培育前途

从表 4 - 21 可以看出，本次经营在 50m×60m 的经营样地中共采伐林木 28 株，涉及 9 个树种，青冈占多数，共 17 株，涉及的林木大多是因断梢和虫害而被采伐，采伐株数强度为 13.7%，断面积强度为仅为 5.3%，属于轻度干扰。在针阔混交林样地中（表 4 - 22），本次经营在 50m×50m 的经营样地中共采伐林木 33 株，共涉及树种 13 个，采伐株数强度为 11.6%，断面积强度为 10.7%，也属于轻度干扰。

4.3.6　经营效果评价

4.3.6.1　空间利用程度评价

从经营样地的采伐木汇总情况可以看出，本次经营对两块样地的干扰程度均为轻度干扰，常绿阔叶混交林样地是以调整树种组成和林分健康状况为目的，而针阔混交林在提高林木健康状况的同时还要调整林木的分布格局和竞争关系。2009 年 9 月对采伐后的样地进行了调查，结果表明，常绿阔叶混交林经营样地的林分平均角尺度为 0.489，仍属于随机分布的范畴，经营没有改变林木的分布格局状况；针阔混交经营样的经营后的林分平均角尺度为 0.522，属于轻微团状分布，较经营前的 0.555 有了明显地改善。

4.3.6.2　树种多样性评价

在两块经营样地采伐林木选择中，虽然涉及的树种较多，但对于珍稀树种均没有作为采伐对象，因此，经营后稀有种的无损率为 100%。常绿阔叶混交林经营样地经营后的 Shannon - Wiener 多样性指数和 Simpson 多样性指数分别为 1.948 和 0.726，Pielou 均匀度指数和 Margalef 物种丰富度指数分别为 0.640 和 3.885，均较经营前的所上升，说明经营后林分的树种多样性增加。经营后林分的平均混交度为 0.588，较经营前的混交度 0.580 有也有所上升。针阔混交林产样地经后林分的 Shannon - Wiener 多样性指数和 Simpson 多样性指数分别为 2.952 和 0.923，Pielou 均匀度指数为 0.824，这 3 个指数较经营前略有下降，但林分的 Margalef 物种丰富度指数分别为 6.294，较经营前的所上升，这是因为林分中经过一年的生长，林分中出现了许多进级木，也有个别新的树种进入起测胸径，如油茶、五倍子等。林分的平均混交度为 0.738，较经营前有所上升，经营进一步增加了林木的混交。

4.3.6.3　树种组成评价

对于常绿阔叶混交林经营样地，调整树种组成主要是降低青冈在林分的比例，调查结果表明，经营后，青冈在林分中的株数比例为 49.1%，断面各比例为 68.5%，较经营前分别下降了 2.1% 和 1%。树种优势度分析表明，经营后林分中顶极树种和伴生树种的优势度分别为 0.671 和 0.131，均较经营前有所下降，但降度不大。针阔叶混交林经营样地经营后，马尾松的相对多度和相对显著度上升幅度较大，分别达到了 18.1% 和 30.8%；枫树的相对多度和相对显著度均有所下降，分别为 6.5% 和 6.4%，其他树种的相对多度和相对显著变化很小。图 4 - 34 为两个经营样地经营后林分直径分布图。由图可以看出，经营前后林分的直径分布基本没有变化，对于常绿阔叶混交林经营样地而言，经营后的直径分布 q 值为 1.10，仍未落到合理直径分布范围内，还需要进一步针对直径分布进行调整，本次经营的重点是改善林分卫生状况；对于针阔混交林样地而言，经后林分直径分布 q 值为 1.568，与经营前相比几乎没有变化，经营保证了林分直径结构的稳定。

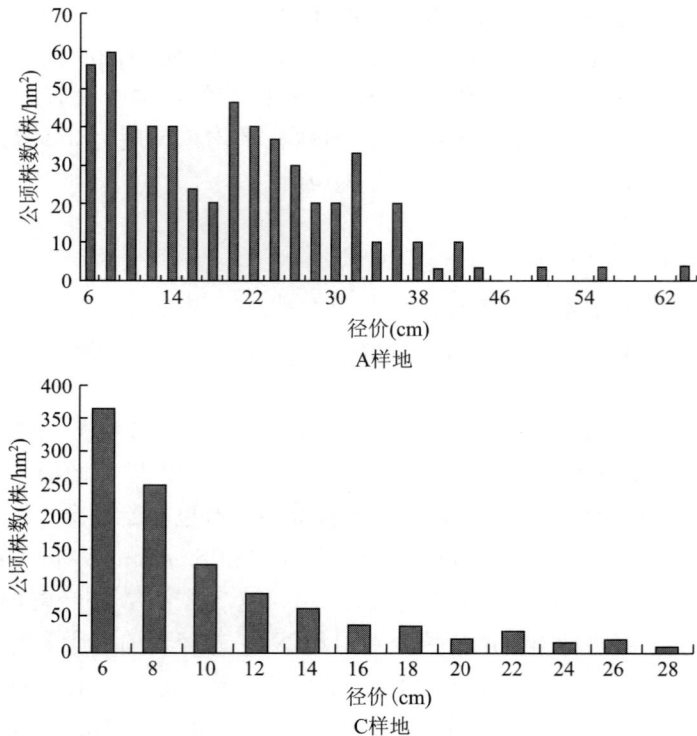

图 4 - 34　经营样地直径分布图

综上所述，本次经营对针阔混交林样地内遭受虫害和冰冻雨雪灾害的林木进行了采伐，调整了林分的树种组成、林木分布格局和竞争关系。通过此次经营，两个林分的林木个体的健康状况和整体的卫生状况得到了改善，林分的整体健康水平大幅提升，经营在一定程度上调整了林分的空间结构，林木分布格局向随机分布的方向转变，树种的竞争关系得到了改善，青冈在林分中的优势程度有所下降，加速了林分自然稀疏进程，林分的直径分布得到一定的调整，目前还处于不合理的状态，需要在下一期经营中继续进行调整。经营总体上达到了预期的目标。

由于林业生产具有周期长、经营对象复杂和经营效果见效慢等特点，这就要求经营单位按照明确的经营目标，制定合理有效的经营措施对森林进行经营。明确的经营目标是制定合理有效经营措施的前提，否则会由于不当的经营措施造成难以估计的损失，甚至是对森林的一种破坏，因此，在对森林进行经营前一定要对现有森林有充分的认识和了解。从以上不同林分类型经营实践中可以看出，由于不同的林分在自然演替中处于不同的状态和阶段，林分的树种的组成和树种间的相互关系比较复杂，通过一次经营达到经营目标，是不可能也是不现实的。这就要求我们在实际经营过程，摒弃急功近利的思想，树立循序渐近和长期规划的意识，耐心细致地对林分进行调整和经营，逐渐让每一个指标达到健康稳定林分的特征，只有这样，才能实现森林整体的健康，充分发挥森林的多种效益。

附录1 专业术语

1. 多样性指数

（1）Shannon – Wiener 指数

$$H' = - \sum_{i=1}^{s} p_i \ln p_i \tag{1}$$

式中：p_i 为第 i 个树种株数在林分树木总株数中所占百分比，S 为林分中树种的数目。

（2）Margalef 丰富度指数

$$R_1 = (S-1)/\ln N \tag{2}$$

式中：S 为树种数，N 为所有树种的个体总数。

（3）Pielou 均匀度指数

$$E = H' \ln S \tag{3}$$

式中：H' 为 Shannon – Wiener 指数，S 为树种数。

（4）Simpson 多样性指数

$$\lambda = 1 - \sum_{i=1}^{s} (p_i)^2 \tag{4}$$

式中：S 为树种数，p_i 为第 i 个树种株数在林分树木总株数中所占百分比。

2. 树种优势度

$$相对多度（D_a\%）= \frac{某个种的株数}{全部种的株数} \times 100\% \tag{5}$$

$$相对显著度（D_g\%）= \frac{某个种的断面积}{全部种的断面积} \times 100\% \tag{6}$$

$$相对频度（F\%）= \frac{某个种的频度}{全部种的总频度} \times 100\% \tag{7}$$

$$频度 = \frac{某个数出现的样方数目}{全部样方数目} \times 100\% \tag{8}$$

$$重要值 = \frac{1}{3}（相对多度 + 相对显著度 + 相对频度） \tag{9}$$

树种优势度：

$$D_{sp} = \sqrt{D_g \cdot (1 - \overline{U}_{sp})} \tag{10}$$

式中：D_{sp} ——树种优势度；

D_g——相对显著度；

$\overline{U}_{sp}$——树种平均大小比数。

树种优势度的值在 0～1 之间。接近 1 表示非常优势，接近 0 表示几乎没有优势。

3. 林分空间结构参数

（1）角尺度

定义：从参照树出发，任意两株最近相邻木的夹角有两个，令小角为 α，大角为 β，$\alpha + \beta = 360°$，附图 1 中参照树与其最近相邻木 1 和 4、1 和 3、2 和 3、2 和 4 构成的夹角都是用较小夹角 α_{14}、α_{13}、α_{23}、α_{24} 表示。

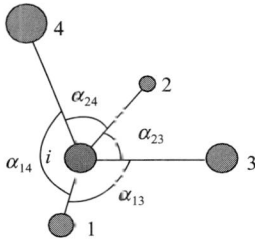

附图 1　参照树与其相邻最近的树构成的夹角示意图

角尺度 W_i 被定义为 α 角小于标准角 α_0（$=72°$）的个数占所考察的 4 个 α 角的比例。W_i 用下式来表示：

$$W_i = \frac{1}{4}\sum_{j=1}^{4} z_{ij} \tag{11}$$

其中：$z_{ij} = \begin{cases} 1, & \text{当第 } j \text{ 个 } \alpha \text{ 角小于标准角 } \alpha_0 \\ 0, & \text{否则} \end{cases}$

$W_i = 0$，表示 4 株最近相邻木在参照树周围分布特别均匀；$W_i = 1$，则表示 4 株最近相邻木在参照树周围分布特别不均匀或聚集。W_i 值的分布可反映出一个林分中林木个体的分布格局，角尺度分布对称表示林木分布为随机即位于中间类型（随机）两侧的频率相等，若左侧大于右侧则为均匀，否则为团状。角尺度分布的特征值即均值（$\overline{W}$）也就反映了一个林分的整体分布情况，更为精细的判定可以平均角尺度的置信区间为准。均值（$\overline{W}$）的计算公式为：

$$\overline{W} = \frac{1}{n}\sum_{i=1}^{n} W_i = \frac{1}{4n}\sum_{i=1}^{n}\sum_{j=1}^{4} z_{ij} \tag{12}$$

附图 2 为角尺度的取值及意义。

（2）混交度

林分中树种的混交程度可用混交度来表达。混交度（M_i）用来说明混交林

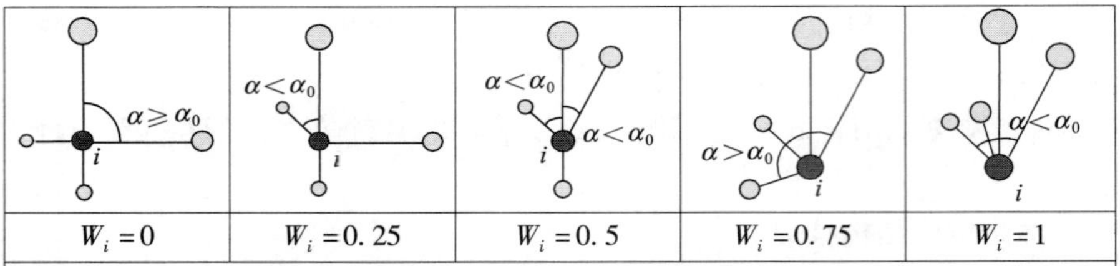

$W_i = 0$	$W_i = 0.25$	$W_i = 0.5$	$W_i = 0.75$	$W_i = 1$

$W_i = 0$	所有 α 角都大于或等于 α_0（很均匀）。
$W_i = 0.25$	1 个 α 角小于 α_0（均匀）。
$W_i = 0.5$	2 个 α 角小于 α_0（随机）。
$W_i = 0.75$	3 个 α 角小于 α_0（不均匀）。
$W_i = 1$	所有 α 角小于 α_0，（很不均匀）。

附图 2　角尺度的可能取值及意义

中树种空间隔离程度。它被定义为参照树 i 的 4 株最近相邻木中与参照树不属同种的个体所占的比例。用公式表示为：

$$M_i = \frac{1}{4}\sum_{j=1}^{4} v_{ij} \tag{13}$$

其中，$v_{ij} = \begin{cases} 1，当参照树 i 与 j 株相邻木非同种时 \\ 0，否则 \end{cases}$

混交度表明了任意一株树的最近相邻木为其他树种的概率。当考虑参照树周围的 4 株相邻木时，M_i 的取值有 5 种，见附图 3。

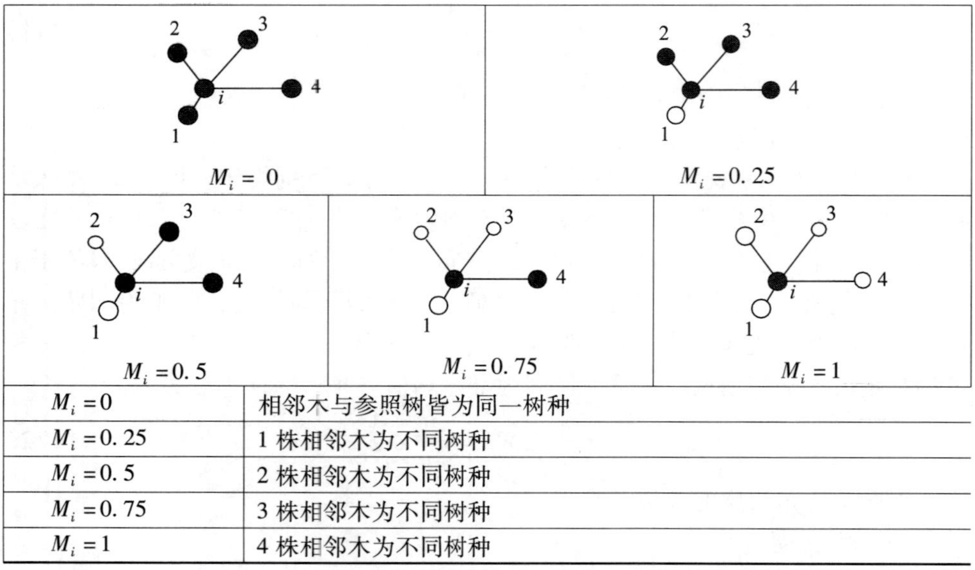

$M_i = 0$	相邻木与参照树皆为同一树种
$M_i = 0.25$	1 株相邻木为不同树种
$M_i = 0.5$	2 株相邻木为不同树种
$M_i = 0.75$	3 株相邻木为不同树种
$M_i = 1$	4 株相邻木为不同树种

附图 3　混交度取值及意义

这5种可能对应于通常所讲混交度的描述即零度、弱度、中度、强度、极强度混交（相对于此结构单元而言），它说明在该结构单元中树种的隔离程度，其强度同样以中度级为分水岭，生物意义明显。

计算林分平均混交度（$\overline{M}$）的公式为：

$$\overline{M} = \frac{1}{N}\sum M_i \tag{14}$$

式中：N——林分总株数；

　　　M_i——第 i 株个体的混交度。

树种的混交度可采用分树种统计的方法按上面的公式（14）计算。

（3）大小比数

林木大小差异程度可用大小比数来表达。大小比数（U_i）被定义为大于参照树的相邻木数占所考察的4株最近相邻木的比例。用公式表示为：

$$U_i = \frac{1}{4}\sum_{j=1}^{n} k_{ij} \tag{15}$$

其中，　　　　　$k_{ij} = \begin{cases} 0 & \text{如果相邻木 } j \text{ 比参照树 } i \text{ 小} \\ 1, & \text{否则} \end{cases}$

当考虑参照树周围的4株相邻木时，U_i 的取值有5种，其意义见图4。

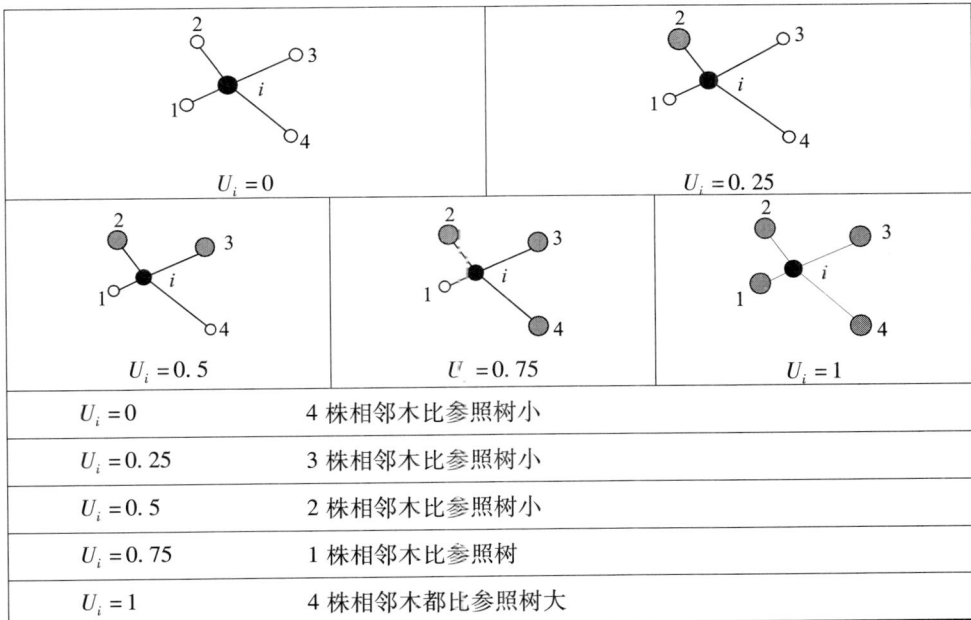

$U_i = 0$	4株相邻木比参照树小
$U_i = 0.25$	3株相邻木比参照树小
$U_i = 0.5$	2株相邻木比参照树小
$U_i = 0.75$	1株相邻木比参照树
$U_i = 1$	4株相邻木都比参照树大

附图4　大小比数的取值及意义

这5种可能分别对应于通常对树木状态（这里对结构块而言）的描述，即

（优势、亚优势、中庸、劣态、绝对劣态），它明确定义了被分析的参照树在该结构块中所处的生态位，且其生态位的高低以中度级为岭脊，生物意义十分明显。

大小比数量化了参照树与其相邻木的大小相对关系。U^i 值越低，说明比参照树大的相邻木愈少。依树种计算的大小比数分布的均值（$\overline{U}_{sp}$）在很大程度上反映了树种在林分中所测指标上的优势程度。可用下式计算：

$$\overline{U}_{sp} = \frac{1}{l}\sum_{i=1}^{l} U_i \tag{16}$$

式中：l——所观察的树种（sp）的参照树的数量；

　　　　U_i——树种（sp）的第 i 个大小比数的值。

$\overline{U}_{sp}$ 的值愈小，说明该树种在某一比较指标（胸径、树高或树冠等）上愈优先，依 U_{sp} 值的大小升序排列即可明了林分中所有树种在某一比较指标上的优劣程度。

（4）成层性表达

林层比（S_i）被定义为参照树 i 的 n 株最近相邻木中，与参照树不属同层林木所占的比例（安慧君，2003）。主要用来说明垂直方向上的成层性。因为成层性是天然林的结构特征之一。可用下式表示：

$$S_i = \frac{1}{n}\sum_{j=1}^{n} s_{ij} \tag{17}$$

式中：$s_{ij} = \begin{cases} 1, & \text{当参照树 } i \text{ 与相邻木 } j \text{ 不属同层} \\ 0, & \text{当参照树 } i \text{ 与相邻木 } j \text{ 在同一层} \end{cases}$

当 $n=4$ 时，S_i 的取值有以下 5 种可能：

$S_i = 1$，参照树与 4 株最近相邻木均不属同一林层

$S_i = 0.75$，参照树与 3 株最近相邻木不属同一林层

$S_i = 0.5$，参照树与 2 株最近相邻木不属同一林层

$S_i = 0.25$，参照树与 1 株最近相邻木不属同一林层

$S_i = 0$，参照树与 4 株最近相邻木均属同一林层

林层比的平均值计算公式为：

$$\overline{S} = \frac{1}{N}\sum_{i=1}^{N} S_i \tag{18}$$

显然，单层林的林层比为 0；复层林的林层比大于 0 小于 1。

林层数被定义为由参照树及其最近相邻 4 株树所组成的结构单元中，该 5 株树按树高可分层次的数目。以结构单元来统计或调查，然后统计各结构块中处于 1、2、3 层的比例，从而可以估计出各层林木所占的比率。对于单层林则有林层数为 1；对于复层林则有林层数大于 1 而小于或等于 3。

4. 常用竞争指数

（1）Hegyi 竞争指数

$$CI = \sum_{j=1}^{N} \frac{D_j}{D_i \cdot L_{ij}} \tag{19}$$

式中：CI 为对象木 i 的竞争指数，其值越大，对象木受到竞争木的竞争越激烈；D_i 为对象木 i 的胸径；D_j 为竞争木 j 的胸径；l_{ij} 为对象木与竞争木之间的距离；N 为竞争木的株数。

（2）张跃西单木竞争指数

$$CI = \sum_{i=1}^{N} \frac{D_j^2}{D_i L_{ij}^2} \tag{20}$$

式中：CI 为竞争指数（该值越大，竞争越强烈）；D_i 为对象木 i 的胸径；D_j 为竞争木 j 的胸径；L_{ij} 为对象木与竞争木之间的距离；N 为竞争木的株数。

（3）Bella 竞争指数

$$B = \sum_{j=1}^{n} \frac{O_{ij} \cdot D_j}{Z_i \cdot D_i} \tag{21}$$

式中：B 为对象木 i 的竞争指数；D_i 为对象木 i 的胸径；D_j 为竞争木 j 的胸径；O_{ij} 为对象木 i 与竞争木 j 之间的重叠面积；Z_i 为对象木 i 的树冠投影面积。

附录 2　为什么最佳空间结构单元中最近相邻木是 4 株

　　林分中每株树（参照树）以及它的 n 株相邻最近木（相邻树）的空间关系，构成了林分内最基本的空间结构单位，这里将参照树及其相邻树组成的结构单位定义为空间结构单元，n 的大小决定了空间结构单元的大小，描述相邻林木各种空间关系的空间结构参数是在空间结构单元的基础上构建的。只有确定了最小空间结构单元，才可以进行参照树与相邻树的各种关系（如树种、大小分化、林木空间分布等）及林木分布的研究，从而使非同质、非均一、非规则的林分空间结构得以量化表达。这里存在一个如何确定 n 的问题，因为 n 的大小不同，由参照树及其相邻木组成的结构框架大小就不同，n 过大或过小都难以体现空间结构规律，而且，若 n 过大，将会造成不必要的人力、财力浪费。一个恰当的 n 应既简单又可操作，且具有可释性强的特点。

　　从分析林木空间竞争状态来讲，通常取 $n=8$，而在研究混交林树种隔离程度时，Füldner 提出了混交度的概念并指出了结构四组法（$n=3$）最适合于分析混交林的空间结构，在其后的许多欧洲文献中均采用这一相邻木株数；在研究林木空间分布格局时 Clark 和 Evens 提出 R 指数，选取了 $n=1$；惠刚盈等提出了角尺度在分析林木空间分布格局时采用了 $n=4$。不同的研究者考察问题的角度不同，选取相邻最近木的株数不同。

　　结构四组法虽在欧洲的文献中采用较多，亦显示出了在分析混交林空间结构方面的优越性，但由于其在类型划分上仅有 4 种，缺乏中间过渡阶段，不符合自然现象，生物意义不明显。$n=5$ 也会出现类似问题。空间现象通常是 3 维的，除垂直方向（树高）外，水平面上必须形成面。$n=1$ 时，在水平地域上难以构成面。构成面至少要有不在同一条直线上的 3 个点，两株树难以构成空间，所以至少应是 3 株树。

　　空间问题通常与方位有关。在参照树周围选择 2 株或 3 株最近相邻木时，最多只能涵盖参照树周围 2~3 个方位的树木空间关系，其他方位的情况不得而知。也就是说由 2 株或 3 株树构成的结构单元提供的空间信息是残缺的，信息量是不完整的。另外，从人的感知和判断方向的习惯而言，在野外调查时，考虑参照树周围的东、南、西、北 4 个方位较为容易和准确，而多于 4 个方位，直观判断相对困难一些。

　　4 株相邻木与参照树构成的结构关系有 5 种，由于具有中间过渡类型，从而便于区分与判断，生物意义明显。

　　由以上分析可见，参照树与其最近 4 株相邻木构成的空间结构单元最适合表达林木间的相互关系，更易于操作，由它们构成的结构单元为最佳空间结构单元。

附录 3 为什么角尺度标准角为 72°

角尺度标准角是参照树周围几株最近相邻木分布均匀性的衡量标准，是 n 株相邻木均匀分布时构成的位置夹角。如果标准角过大，$\alpha < \alpha_0$ 的概率就大，均匀分布被误判为不均匀分布的可能性增加；反之，$\alpha > \alpha_0$ 的概率就大，分布格局易被误判为均匀分布。

对参照树 i 的 4 个最近相邻木而言，绝对均匀分布时其位置分布角均为 90°，但自然状态下，绝对均匀几乎不可能达到。理论上，自然界中存在两种具有最大规则性的分布即正六边形分布和正方形分布（附图 5），这两种最大均匀分布中相邻木的夹角分别为 60° 和 90°，据此标准角的可能取值范围为：$60° \leqslant \alpha_0 \leqslant 90°$。

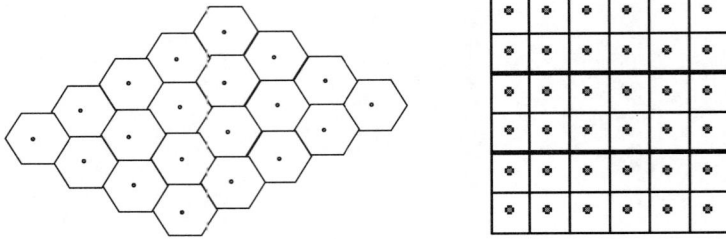

附图 5　两种绝对均匀的分布

如果采用 60° 作为标准角，很容易将单侧分布误判为均匀分布，因此 60° 偏小（附图 6）。林木分布为绝对均匀的情况并不常见。通常较均匀的分布情况下相邻木夹角都小于 90°。

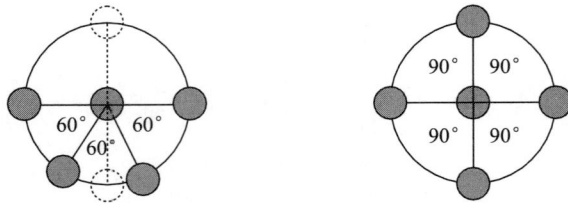

附图 6　标准角取值

因此，标准角必定在 60° 和 90° 之间，可能是两者的中值。两者的中值有

3 种:算术平均值（$\bar{x} = 75°$）、几何平均值（$\bar{x}_G = 73.5°$）、协调平均值（$\bar{x}_H = 72°$）。其中，$\bar{x}_H \leqslant \bar{x}_G \leqslant \bar{x}$。由角尺度的定义（$\alpha < \alpha_0$）可知，当选择协调平均值（$\bar{x}_H = 72°$）作为标准角时，其他两种均值亦属于均匀的范畴，覆盖面广，故 72°是标准角的恰当取值。

另外，介于 60°和 90°之间的 α_0 角，在误差范围都是 x 时应满足下列方程:

$$a_0 \geqslant 60 \cdot (1 + x) \tag{23}$$

$$a_0 \leqslant 90 \cdot (1 + x) \tag{24}$$

当 $x = 0.2$ 时，对应的 $\alpha_0 = 72°$，这也说明了该角度的合理性。

再者，标准角应该是能够等分圆周角的均匀角，72°刚好是圆周 5 等分时有相邻木夹角，从这一点看，72°也是合适的标准角。

运用统计模拟软件模拟产生随机分布林分，并用双相关函数进行确认，对模拟林分以大于、小于和等于 72°的标准角计算角尺度的均值，结果表明，同一个随机分布的林分，如果标准角不同将会有不同的角尺度分布。与其他两个标准角相比，用标准角 72°可以获得随机分布林分的角尺度均值接近 0.5。研究数据和结果见有关文献。

综上述，选择 72°作为参照树周围几株相邻木分布均匀性的衡量标准是恰当的。

附录 4　为什么对混交度均值计算公式进行修正

　　Pielou 提出的分隔指数基于 1 个最近邻体来分析种间的个体分隔情况，对于多个种也只能进行两两比较，应用的前提条件是林分中的个体必须随机分布，对于均匀和团状分布的群落容易造成不合理的描述。Füldner 为克服分隔指数的缺陷提出基于 3 个最近相邻木的混交度的概念。惠刚盈等阐明了用 4 个最近相邻木的合理性，并指出 Füldner 的林分混交度受混交树种比例的影响，不能真实表达林分的树种分隔程度。汤孟平等提出树种多样性混交度，但明显混淆了 4 个邻体中有 3 个相同种和 4 个邻体中有 2 个相同种的林木混交度。可见，到目前为止的树种分隔程度的表达方式还并不完善。

　　混交度描述了任意一株树的最近相邻木为其他树种的概率，林分平均混交度表达了林分的平均混交程度，在树种组成和比例都明确的前提下一定程度上表达了树种的隔离程度，否则不能真实表达林分树种分隔程度。对于结构单元中物种空间状态描述的最为全面的考察方式应是既考虑参照树与其 4 株最近邻体的物种异同，也考虑该结构单元中的物种数量。参照树与其邻体的物种关系用树种混交度（M_i）表达，结构单元中的物种数以结构单元中的树种数（s_i）占组成该结构单元的全部 5 株树的比例表示。将结构单元中的参照树混交度与物种数的积定义为该结构单元的物种空间状态（Ms_i），即：

$$Ms_i = \frac{s_i}{5} \cdot M_i \tag{25}$$

　　显然，群落中所有结构单元的物种空间状态的均值就是对群落中平均物种空间状态（Ms）的表达，计算公式为：

$$Ms = \frac{1}{5N} \sum_{i=1}^{N} (M_i \cdot S_i) \tag{26}$$

式中：N——所调查的林木株数；

　　　　M_i——第 i 株树的混交度；

　　　　$s_i^{'}$——第 i 株树所处的结构单元中树种个数。

　　式（26）所表达的平均物种空间状态也就是树种分隔程度的量化描述，称为树种分隔程度的空间测度指数。由（26）式可知，Ms 的数值在 [0，1] 之间，即当群落由 N 个个体、N 个物种组成，也就是说群落中每个物种个体就 1 株时，该群落的物种分隔程度达最大值即 $Ms = 1$；当群落仅由一个物种的 N 个个体组成时，该群落的物种分隔程度达最小值即 $Ms = 0$。此式也被称为修正的树种混交度均值计算公式。

　　为客观评价林分树种分隔程度评价模型的合理性，设计了如下 2 组模拟数据（附图7）。ⅰ为两个树种等分空间的情景，ⅱ为 3 个树种等分空间的情景。ⅰ和ⅱ的总计算株数均为 108 株（外围一圈不参与计算）。各组中又分 a、b、c、d 4 种情况，其中，a 表示单株混交，b 表示双株混交，c 表示单行混交，d 表示双行混交。显然，ⅱ的树种分隔程度比ⅰ高；相同树种数量，物种空间分隔程度的高低依次为 $a > b > c > d$。

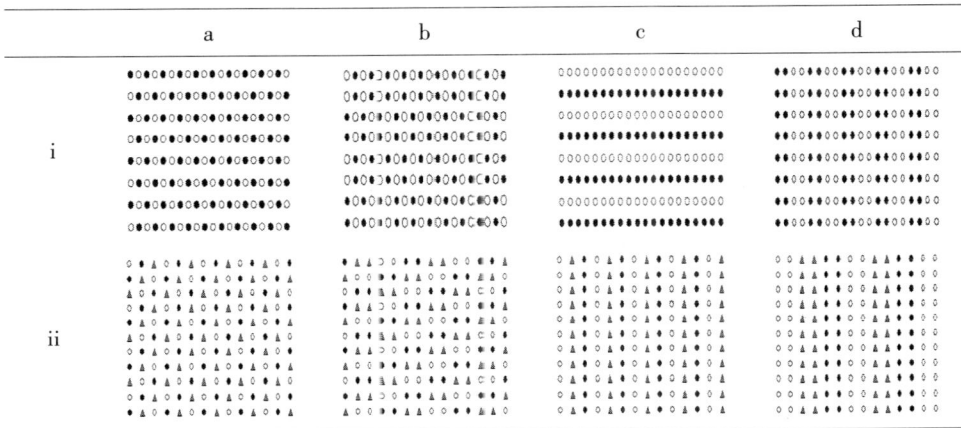

附图7　模拟的混交林树种空间分布

　　附表1列举了 3 块全面调查（每木定位）样地的测量数据。

附表1　实际调查数据

地点	地理位置	森林类型	样地大小/株数	树种数	主要树种名称
海南尖峰岭	N18°48′E108°52′	热带山地雨林	100 × 3Cm/245	84	鸡毛松 *Podocarpus imbricatus* Bl.，毛荔枝 *Nephelium topengii*（Merr.）H. S. Lo，高山蒲葵 *Livistona saribus*（Lour.）Merr. ex A. Chev.，中华厚壳桂 *Cryptocarya chinensis*（Hance）Hemsl.，大叶白颜 *Gironniera subaequalis* Planch.，木荷 *Schima superba* Gardn. et Champ.，肉实 *Sarcosperma laurinum*（Benth.）Hook. f.，倒卵阿丁枫 *Altingia obovata* Merr. et Chun，油丹 *Alseodaphne hainanense* Merr.，红稠 *Lithocarpus fenzelianus* A. Camus 等

（续）

地点	地理位置	森林类型	样地大小/株数	树种数	主要树种名称
吉林蛟河	N43°51′ E127°35′	温带红松阔叶林	100×100m/963	21	水曲柳 *Fraxinus mandshurica* Rupr.、胡桃楸 *Juglans mandshurica* Maxim.、红松 *Pinus koraiensis* Sieb. et Zucc.、色木槭 *Acer mono* Maxim.、沙冷杉 *Abies holophylla* Maxim.、紫椴 *Tilia amurensis* Rupr.、暴马丁香 *Syringa reticulata* var. *mandshurica*（Maxim.）Hara.、裂叶榆 *Ulmus laciniata* Mayr、枫桦 *Betula costata* Trautv.、千金榆 *Carpinus cordata* Bl. 等.
蒙古桑太	N49° E107°	寒温带泰加林	50×50m/244	4	西北利亚松 *Pinus sibirica*（oudL.）Mayr，西北利亚冷杉 *Abies sibirica* Ledeb.，云杉 *Picea obovata* Ledeb.，桦树 *Betula platyphylla* Suk.

附表 2 给出了上述模拟的混交林林分的树种分隔程度计算结果。

附表 2　理论数据的树种分隔程度

		a	b	c	d
I	$\overline{M}$	1.00	0.75	0.50	0.25
	Ms	0.40	0.30	0.20	0.10
II	$\overline{M}$	1.00	0.75	0.50	0.25
	Ms	0.60	0.45	0.30	0.10

由附表 2 可见，树种的分隔程度取决于树种数量及其空间分布，树种数量越多且混交度越大，树种分隔程度就越高；相同树种数量的树种分隔程度取决于树种在林分中的空间分布情况，树种混交度越大其分隔程度越高。传统的混交度均值计算公式所计算出的树种分隔程度没能把 2 树种等分与 3 树种等分林分空间这两种完全不同的混交林区分开来，计算结果两种图式竟然完全一样，而用树种分隔程度空间测度指数所计算出的结果明显地表达出了 3 树种等分比 2 树种等分林分空间的树种分隔程度高这样一个显而易见的事实。

此外，由 $\overline{M}$ 计算出的数值比由 Ms 计算出的数值大得多，$\overline{M}$ 明显夸大了树种分隔程度。

附表3展示了附表1中所列森林群落的树种分隔程度计算结果。

附表3　不同森林群落的树种分隔程度

森林类型	树种数	$\overline{M}$	Ms
热带山地雨林	84	0.959	0.892
温带红松阔叶林	21	0.817	0.602
寒温带泰加林	4	0.511	0.275

由附表3可见，热带山地雨林这样一个原始林群落由于树种数量极为丰富其树种分隔程度明显比温带红松阔叶林高，寒温带泰加林由于树种数量少从而有很低的树种分隔程度。树种数量极少的泰加林几乎为纯林，其树种分隔程度应接近0，但计算结果表明为中度分隔．这显然不符合事实，而Ms计算结果比$\overline{M}$小得多，显示出弱度分隔程度。可见，Ms更能恰当地表达树种分隔程度。

树种的分隔程度取决于树种数量及其空间分布，树种数量越多且混交度越大，树种分隔程度就越高；相同树种数量的树种分隔程度取决于树种在林分中的空间分布情况，树种混交度越大其分隔程度越高。树种分隔程度的空间测度指数其数值在［0，1］之间，0表示纯林状况即它的树种混交度为0，树种分隔程度为0；1表示极强度混交的情况，亦即每株树周围均被其他不同树种分隔，树种混交度为1，树种分隔程度为1。生物意义非常明确，该指数既能恰当地进行不同群落树种分隔程度的比较，也能对同一群落的树种分隔程度相对大小作出合理的判断，它不仅反映了林分的平均混交状态，更重要的是对树种多样性的表达，克服了原有林分平均混交度应用中需特别指出树种组成及其比例的缺陷，实现了用一个数值就能够对树种分隔程度进行恰当描述。

附录5 为什么格局调查的最小面积为 2500m²

　　用 Winkelmass 软件模拟产生了 120 个随机分布的林分。分 6 种密度，即每公顷株数分别为 500，1000，1500，2000，3000 和 5000，每种密度 20 次重复。为确定最小面积，计算面积从样地中心开始按 10m×10m，20 m×20m，30m×30m，40m×40m，45m×45m，50m×50m，55m×55m，60m×60m，70m×70m，80m×80m，90m×90m（附图 8）依次进行。计算每一个小样地的角尺度的均值并统计其内的公顷株数。

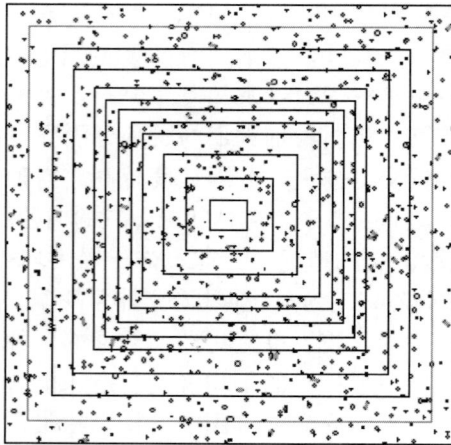

附图 8　模拟设计

　　附表 4 展示了 120 个模拟林分中的 60 个的角尺度均值，每一个模拟林分有11 个大小不同（100~8100 m²）的调查面积。

　　附图 9 更清楚地显示了角尺度均值随调查窗口的变化。小的调查窗口上得出的调查结果变动很大，角尺度均值时而落在团状分布的范围，时而落在均匀的范围，只有当调查面积扩大到一定的大小时角尺度均值才趋于稳定，才能显示出该模拟林分的实际分布——随机分布。这种变化局势与密度级无关。对全部 120 个模拟林分的统计分析（附表 4）发现，当调查窗口的大小为 2500m² 或以上时，正确表达率才能达到 95% 以上。可见，从分布格局的角度来看，2500m² 为结构最小取样面积。

附表 4　60 个模拟林分的角尺度均值

N = 500

	1	2	3	4	5	6	7	8	9	10
100	0.563	0.750	0.625	0.531	0.688	0.350	0.536	0.500	0.625	0.531
400	0.515	0.488	0.559	0.509	0.556	0.458	0.500	0.548	0.477	0.513
900	0.516	0.459	0.494	0.509	0.529	0.495	0.494	0.517	0.469	0.500
1600	0.500	0.470	0.535	0.497	0.516	0.488	0.487	0.500	0.481	0.485
2025	0.500	0.490	0.528	0.490	0.520	0.491	0.505	0.495	0.479	0.483
2500	0.496	0.487	0.515	0.486	0.519	0.506	0.511	0.487	0.479	0.484
3025	0.511	0.492	0.505	0.486	0.502	0.505	0.505	0.488	0.477	0.497
3600	0.509	0.490	0.500	0.493	0.496	0.504	0.508	0.492	0.494	0.503
4900	0.503	0.496	0.503	0.493	0.495	0.498	0.503	0.488	0.493	0.505
6400	0.498	0.494	0.504	0.498	0.497	0.506	0.502	0.494	0.504	0.505
8100	0.501	0.493	0.504	0.499	0.497	0.505	0.501	0.493	0.508	0.492

N = 2000

	1	2	3	4	5	6	7	8	9	10
100	0.536	0.513	0.558	0.417	0.464	0.450	0.370	0.417	0.609	0.526
400	0.506	0.513	0.500	0.467	0.487	0.500	0.474	0.471	0.519	0.505
900	0.497	0.493	0.511	0.487	0.477	0.497	0.490	0.484	0.501	0.494
1600	0.487	0.490	0.507	0.489	0.486	0.490	0.494	0.483	0.506	0.497
2025	0.487	0.486	0.493	0.490	0.487	0.490	0.497	0.486	0.504	0.493
2500	0.499	0.496	0.495	0.493	0.490	0.491	0.497	0.484	0.503	0.492
3025	0.497	0.494	0.499	0.491	0.492	0.493	0.499	0.488	0.501	0.488
3600	0.500	0.499	0.500	0.494	0.501	0.491	0.497	0.494	0.500	0.491
4900	0.503	0.502	0.497	0.497	0.501	0.495	0.503	0.495	0.501	0.493
6400	0.505	0.498	0.498	0.494	0.502	0.495	0.500	0.498	0.500	0.497
8100	0.501	0.496	0.499	0.493	0.500	0.496	0.498	0.497	0.496	0.496

N = 1000

	1	2	3	4	5	6	7	8	9	10
100	0.625	0.536	0.458	0.500	0.500	0.475	0.542	0.429	0.600	0.406
400	0.588	0.476	0.505	0.493	0.493	0.520	0.514	0.569	0.556	0.507
900	0.527	0.482	0.514	0.484	0.484	0.500	0.476	0.519	0.527	0.509
1600	0.515	0.476	0.505	0.503	0.503	0.503	0.487	0.518	0.503	0.488
2025	0.515	0.473	0.510	0.500	0.500	0.517	0.493	0.515	0.507	0.482

N = 3000

	1	2	3	4	5	6	7	8	9	10
100	0.544	0.465	0.568	0.469	0.513	0.500	0.440	0.477	0.419	0.509
400	0.518	0.510	0.510	0.480	0.523	0.491	0.493	0.507	0.466	0.492
900	0.512	0.509	0.493	0.481	0.500	0.487	0.505	0.487	0.480	0.490
1600	0.508	0.499	0.491	0.479	0.494	0.489	0.509	0.496	0.490	0.494
2025	0.504	0.500	0.487	0.484	0.498	0.494	0.510	0.488	0.489	0.492

（续）

	N = 1000	N = 3000
2500	0.513 0.481 0.512 0.493 0.516 0.490 0.513 0.500 0.484	0.505 0.500 0.489 0.491 0.495 0.501 0.505 0.490 0.490 0.490
3025	0.513 0.482 0.511 0.490 0.526 0.493 0.498 0.483	0.501 0.498 0.491 0.495 0.492 0.501 0.502 0.492 0.490 0.493
3600	0.506 0.482 0.512 0.498 0.523 0.494 0.494 0.487	0.500 0.500 0.494 0.497 0.492 0.501 0.494 0.494 0.486 0.493
4900	0.499 0.491 0.510 0.489 0.518 0.501 0.502 0.486	0.497 0.500 0.497 0.492 0.505 0.501 0.495 0.493 0.490
6400	0.497 0.489 0.512 0.493 0.518 0.494 0.507 0.483	0.494 0.496 0.496 0.493 0.504 0.499 0.493 0.499 0.492
8100	0.499 0.489 0.510 0.490 0.512 0.489 0.503 0.492	0.494 0.496 0.497 0.494 0.502 0.498 0.494 0.499 0.496

	N = 1500	N = 5000
100	0.458 0.400 0.423 0.485 0.472 0.404 0.476 0.544 0.422 0.575	0.515 0.529 0.483 0.485 0.500 0.464 0.490 0.505 0.483 0.505
400	0.514 0.504 0.489 0.500 0.513 0.468 0.521 0.500 0.532	0.507 0.479 0.507 0.475 0.483 0.491 0.497 0.515 0.487
900	0.534 0.519 0.502 0.486 0.510 0.483 0.520 0.498 0.506 0.511	0.500 0.473 0.497 0.490 0.483 0.492 0.494 0.502 0.499
1600	0.532 0.512 0.490 0.490 0.512 0.483 0.510 0.489 0.500 0.496	0.494 0.478 0.495 0.497 0.498 0.491 0.496 0.498 0.493
2025	0.525 0.510 0.493 0.490 0.505 0.480 0.504 0.495 0.492	0.496 0.479 0.496 0.492 0.499 0.494 0.497 0.496 0.502 0.491
2500	0.507 0.509 0.495 0.497 0.507 0.488 0.507 0.500 0.493 0.488	0.497 0.479 0.493 0.492 0.498 0.496 0.497 0.500 0.499 0.493
3025	0.503 0.509 0.489 0.494 0.510 0.492 0.505 0.496 0.489	0.501 0.479 0.493 0.492 0.495 0.494 0.497 0.492 0.493
3600	0.502 0.506 0.489 0.487 0.513 0.493 0.503 0.498 0.487	0.500 0.484 0.496 0.493 0.495 0.496 0.497 0.492 0.495
4900	0.500 0.504 0.499 0.489 0.513 0.503 0.502 0.495 0.489	0.497 0.486 0.497 0.496 0.491 0.494 0.498 0.492 0.495
6400	0.504 0.507 0.495 0.489 0.506 0.504 0.500 0.502 0.490	0.495 0.491 0.496 0.498 0.496 0.500 0.493 0.500 0.494 0.495
8100	0.500 0.508 0.500 0.487 0.503 0.501 0.498 0.502 0.491 0.491	0.494 0.491 0.497 0.497 0.494 0.496 0.500 0.494 0.496 0.494

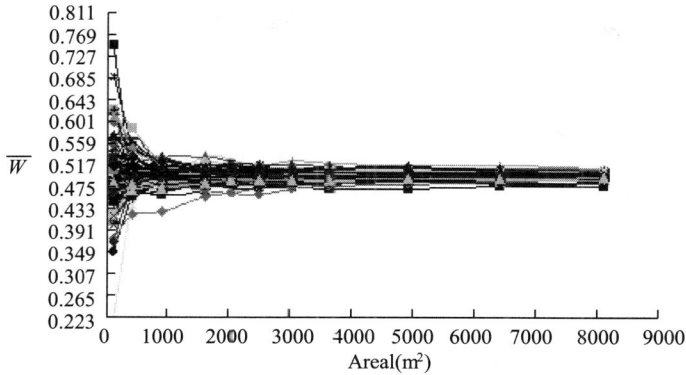

附图 9　120 个模拟林分的角尺度均值与调查窗口大小的关系

附表 5　各调查窗口大小所获得的结果能表达出为随机分布的频率

面积（m²）	100	400	900	1600	2025	2500	3025	3600	4900	6400	8100
ρ	45	85	90	113	112	118	117	117	118	119	120
ρ（%）	37.5	70.8	75.0	94.2	93.3	98.3	97.5	97.5	98.3	99.2	100

　　下面再从密度变异来分析最小调查面积。附表 6 显示了 120 个模拟林分中的 60 个林分的结果。附图 10 更清楚地展示了 120 个林分随模拟窗口大小所得到的公顷密度的变化。

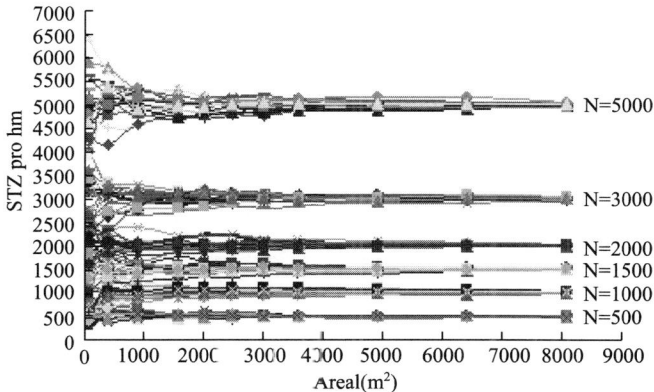

附图 10　120 个模拟林分的各 11 个调查窗口大小与估计的密度的关系

附表6　60个模拟林分在不同窗口下所估计出的密度变化

N = 500

	1	2	3	4	5	6	7	8	9	10
100	400	200	600	800	400	500	700	300	600	800
400	425	525	425	675	450	450	600	525	550	500
900	511	478	456	589	478	567	478	500	544	533
1600	469	519	450	481	494	500	481	550	488	525
2025	440	504	435	484	489	519	514	538	474	514
2500	456	520	472	484	472	528	532	536	476	508
3025	473	496	466	486	493	502	516	539	476	496
3600	464	467	478	483	511	508	508	517	469	483
4900	512	471	500	492	500	520	504	510	451	486
6400	509	491	500	502	500	527	497	489	467	505
8100	505	505	504	500	491	515	488	505	477	506

N = 1000

	1	2	3	4	5	6	7	8	9	10
100	1200	1400	1200	1300	800	1000	600	700	500	800
400	1350	1300	1325	875	750	1275	900	900	1225	875
900	1256	1244	1000	878	778	1089	922	1011	1133	933
1600	1119	1088	1000	956	925	975	925	981	1125	944
2025	1101	1022	963	988	869	948	923	909	1057	933

N = 2000

	1	2	3	4	5	6	7	8	9	10
100	2100	2000	3000	2400	2800	2500	2300	1800	1600	1900
400	2025	1925	2075	2050	1975	1950	2150	1950	2025	2325
900	2033	1956	2211	1889	1933	2022	1967	1933	2078	2378
1600	2013	2056	2138	1931	2063	2113	1975	1950	2063	2206
2025	1960	1995	2030	1872	1931	2198	1936	2015	2005	2193
2500	2000	1984	2076	1856	1980	2204	1916	1960	1992	2224
3025	1970	1947	2089	1891	1957	2122	1934	2010	2003	2142
3600	2028	1981	2092	1931	1992	2103	1944	1981	2022	2117
4900	2008	2016	2055	1982	2029	2027	1996	1978	2067	2080
6400	2031	2020	1997	1989	2006	1994	1984	2031	2047	2059
8100	2002	2017	2009	2014	2009	2010	1989	2014	2031	1998

N = 3000

	1	2	3	4	5	6	7	8	9	10
100	2300	3600	3300	3200	2900	2500	2500	2200	3100	2700
400	3200	3075	3125	3150	2725	2900	2725	2600	3325	3175
900	3033	3178	3089	2922	3000	2978	2656	2744	3078	3178
1600	2975	3063	3019	3006	3094	3044	2719	2806	3138	3094
2025	2998	3017	2998	2938	3131	3101	2785	2933	3151	3175

（续）

N = 1000

面积									
2500	1088	1016	980	992	912	972	916	1032	984
3025	1088	1015	1012	985	912	952	916	1058	992
3600	1108	1019	1044	1000	928	947	928	1069	981
4900	1090	990	1033	984	957	963	969	1024	961
6400	1041	1013	1006	953	963	992	984	1000	984
8100	1017	1005	978	993	981	1011	988	1012	972

N = 3000

面积										
2500	3028	3012	3100	3020	3176	3128	2812	2904	3084	3096
3025	3091	3021	3055	3048	3147	3147	2780	2975	3041	3018
3600	3061	3017	3072	3039	3128	3044	2836	3000	3006	3036
4900	2998	2998	3063	2976	3071	3069	2955	2973	2955	3027
6400	2966	2981	3013	2953	3075	3067	2956	2958	2955	3030
8100	2949	2990	3007	2996	3035	3012	3019	2981	3000	3020

N = 1500

面积											
100	1200	1500	1300	1700	1800	2000	1300	2100	1700	1600	1000
400	1350	1450	1725	1475	2000	1575	1450	1525	1325	1350	
900	1411	1456	1578	1611	1622	1589	1411	1478	1500	1478	
1600	1381	1450	1556	1469	1769	1500	1556	1581	1438		
2025	1427	1452	1491	1472	1664	1570	1595	1570	1620	1462	
2500	1472	1492	1468	1512	1632	1624	1560	1544	1628	1524	
3025	1478	1527	1540	1484	1593	1610	1554	1517	1630	1481	
3600	1464	1519	1522	1483	1542	1564	1558	1511	1564	1461	
4900	1469	1535	1496	1512	1488	1504	1486	1512	1535	1461	
6400	1502	1513	1484	1519	1481	1542	1491	1513	1509	1469	
8100	1505	1535	1511	1517	1517	1522	1491	1501	1519	1486	

N = 5000

面积									
100	5100	4300	5900	5100	3900	5000	5300	4300	4700
400	4825	4775	5775	5150	5025	4900	5425	4125	5200
900	4967	4867	5322	5344	5167	5300	5144	4567	4933
1600	5000	4994	5313	4988	5013	5063	5025	4738	4875
2025	5047	5037	5170	5072	5007	4919	5126	4770	4820
2500	5028	5008	5112	5048	5036	4812	5080	4788	4960
3025	4982	5058	5078	4995	5051	4866	5038	4780	4955
3600	5042	4958	5078	4908	5053	4894	5092	4864	4900
4900	5024	4996	5049	4920	4971	4978	4984	4890	4931
6400	5047	5017	5058	5008	4984	4998	4981	4953	4964
8100	5017	4986	5068	4993	5028	4998	5010	4970	4974

附表7 各调查窗口下获得的结果能表达出给定实际密度（允许误差10%）的频率

面积（m^2）	100	400	900	1600	2025	2500	3025	3600	4900	6400	8100
ρ	38	82	98	113	111	115	118	119	120	120	120
ρ（%）	31.7	68.3	81.7	94.2	92.5	95.8	98.3	99.2	100	100	100

由附表7可以清楚地看出，调查窗口太小时，正确估计密度的可能性很小。只有当调查窗口在2500m^2及其以上时，估计的正确率才达95%以上。可见，从密度估计的角度，必须有一个一定大小的调查窗口才能够对密度作出正确的估计。该研究结果为2500m^2。

下面再用天然林实际调查资料分析不同样地大小对其林分密度估计和格局分析的影响。

研究所用数据由两部分组成：一是中国吉林省蛟河林业实验区东大坡经营区的一块全面调查样地数据，植被为天然红松阔叶混交林；二是来自南美厄瓜多尔热带天然林的3块样地调查资料。4块样地面积均为100m×100m，即1hm²（附表8）。

附表8 4块样地基本情况

样地号	地点	胸径（cm）			株数	断面积（m^2）
		最小	最大	平均		
1	中国吉林	5.1	79.2	16.5	918	28.47
2	厄瓜多尔	10	120	18.7	863	34.19
3	厄瓜多尔	10	195	18.3	871	31.97
4	厄瓜多尔	10	131	17.7	931	30.15

在1hm²大小的样地上，以10m边长为步长逐渐往中心缩小，划分出90m×90m、80m×80m，70m×70m，60m×60m，50m×50m，40m×40m，30m×30m，20m×20m不同面积的8个窗口，根据这些窗口对应林木的株数和断面积来估算每公顷株数和断面积，并计算估计值与实际值之间的差异。同时，利用空间结构分析软件——Winkelmass计算各窗口内林木的角尺度，绘制平均角尺度与样地大小关系图；用地统计软件Stg4.1分析各窗口对应林木的双相关函数图。

附表9、附表10显示的是由4块样地各窗口对应林木的株数和断面积估算的每公顷株数和断面积。

附表9 4块样地各窗口下估算的公顷株数

样地面积 （m×m）	调查株数				估计的每公顷株数（N/hm³）							
					估计值				与实际差异			
	P_1	P_2	P_3	P_4	P_1	P_2	P_3	P_4	P_1	P_2	P_3	P_4
20×20	43	47	37	39	1075	1175	925	975	17.1%	36.2%	9.6%	4.7%
30×30	82	86	91	87	911	956	1011	967	0.8%	10.8%	19.8%	3.9%
40×40	146	139	142	145	913	869	888	906	0.5%	0.7%	5.2%	2.7%
50×50	238	231	224	227	952	924	896	908	3.7%	7.1%	6.2%	2.5%
60×60	327	332	323	349	908	922	897	969	1.1%	6.8%	6.3%	4.1%
70×70	455	429	433	491	929	876	884	1002	1.2%	1.5%	4.7%	7.6%
80×80	584	533	529	614	913	833	827	959	0.5%	3.5%	2.0%	3.0%
90×90	741	682	684	762	915	842	844	941	0.3%	2.4%	0%	1.1%

注：P_1、P_2、P_3、P_4 为样地号（下同）。

附表10 4块样地各窗口下估算的公顷断面积

样地面积 （m×m）	估计的每公顷断面积（m²/hm²）							
	估计值				与实际差异			
	P_1	P_2	P_3	P_4	P_1	P_2	P_3	P_4
20×20	24.00	27.00	25.75	20.75	15.7%	21.0%	2.1%	31.2%
30×30	24.56	27.89	30.22	23.00	13.7%	18.4%	14.9%	23.7%
40×40	26.13	24.31	27.50	23.13	8.2%	28.9%	4.6%	23.3%
50×50	28.72	32.88	25.32	24.68	0.9%	3.8%	3.7%	18.1%
60×60	26.97	34.72	27.25	31.31	5.3%	1.6%	3.6%	3.8%
70×70	31.14	34.88	26.51	33.33	9.4%	2.0%	0.8%	10.5%
80×80	28.59	33.88	25.13	32.41	0.4%	0.9%	4.4%	7.5%
90×90	27.57	33.81	26.30	30.68	3.2%	1.1%	0%	1.8%

从附表9中可以清楚地看到，由各窗口调查林木株数估算的每公顷株数不同：样地1每公顷株数最大的是20m×20m时的1075，最小的是60m×60m时的908，二者之差为167，是实际值918的18%；样地2每公顷株数最大的是20m×20m时的1175，最小的是80m×80m时的833，二者之差为342，是实际值863的40%；样地3每公顷株数最大的是30m×30m时的1011，最小的是

80m × 80m 时的 827，二者之差为 184，是实际值 871 的 21%；样地 4 每公顷株数最大的是 70m × 70m 时的 1002，最小的是 40m × 40m 时的 906，二者之差为 96，是实际值 931 的 10%。从估计值与实际值的差异来看：样地 1 百分比最大的为 20m × 20m 时的 17.1%，其余均小于 5%；样地 2 百分比最大的为 20m × 20m 时的 36.2%，其次为 30m × 30m 时的 10.8%，其他的均小于 10%；样地 3 百分比最大的为 30m × 30m 时的 19.8%，其余的均小于 10%；样地 4 变化不大，都小于 10%。

从附表 10 可知，由各窗口调查林木断面积估算的每公顷断面积不同：样地 1 每公顷断面积最大的是 70m × 70m 时的 31.14，最小的是 20m × 20m 时的 24.00，二者之差为 7.14，是实际值 28.47 的 25%；样地 2 每公顷断面积最大的是样地面积为 70m × 70m 时的 34.88，最小的是 40m × 40m 时的 24.31，二者之差为 10.57，是实际值 34.19 的 31%；样地 3 每公顷断面积最大的是样地面积为 30m × 30m 时的 30.22，最小的是 80m × 80m 时的 25.13，二者之差为 5.09，是实际值 31.97 的 16%；样地 4 每公顷断面积最大的是样地面积为 70m × 70m 时的 33.33，最小的是 20m × 20m 时的 20.75，二者之差为 12.58，是实际值 30.15 的 42%。从估计值与实际值的差异来看：样地 1 百分比最大的为 20m × 20m 时的 15.7%，其次是 30m × 30m 时的 13.7%，其余的均小于 10%；样地 2 百分比最大的为 40m × 40m 时的 28.9%，其次是 20m × 20m 时的 21.0%，再者为 30m × 30m 时的 18.4%，其他的均小于 5%；样地 3 百分比最大的为 30m × 30m 时的 14.9%，其余均小于 5%；样地 4 百分比最大的为 20m × 20m 时的 31.2%，接下来是 30m × 30m 时的 23.7%，40m × 40m 时的 23.3%，50m × 50m 时的 18.1%，70m × 70m 时的 10.5%，其他的均小于 10%。

总的趋势是，随着调查样地面积的增大，调查的株数在增加，所估计的公顷株数趋于稳定，当调查面积增至 2500m² 时，除样地 4 对公顷断面积的估计变动较大外，其他样地估计误差均在 10% 以下。

附图 11 和附图 12 分别显示的是 4 块样地各窗口对应林木的角尺度分布和样地大小与平均角尺度 $\overline{W}$ 之间的关系。

由附图 11 可知，随着样地面积的增大，处于 0.5 等级（随机状态）两则的等级的频数也逐渐发生着变化，左侧表达的均匀性强度和右侧表达的聚集性强度均逐渐发生着变化：样地 1 从开始到最后都是左右两侧的频数大致相等，呈现随机性，但在这一过程中随机的强度发生了很大变化；样地 2 从开始左右两侧的频数大致相等呈现随机性，逐渐发展到最后右侧的频数明显大于左侧呈现聚集性；样地 3 从开始左侧的频数明显大于右侧呈现均匀性，逐渐发展到最后左右两侧的频数大致相等呈现随机性；样地 4 从开始右侧明显大于左侧呈现聚集性，逐渐发展到最后左右两侧的频数大致相等呈现随机性。在调查面积小时，4 块样地的角尺度分布图都极不稳定，出现大的无规律的波动，很容易使林分格局受到误判，当样地面积增大至 2500m² 以后角尺度分布图趋于稳定，林分格局得到了较为真实的表达。

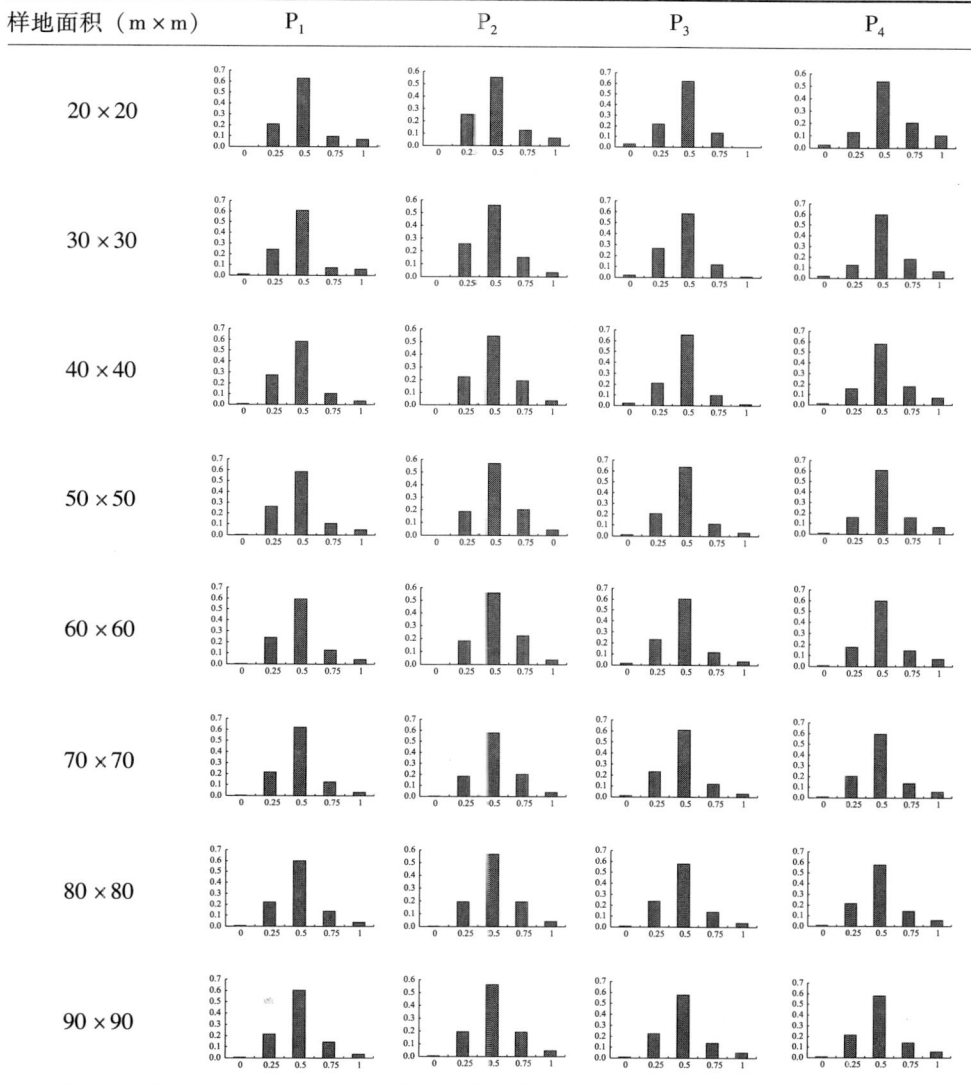

样地面积（m×m）	P₁	P₂	P₃	P₄
20×20				
30×30				
40×40				
50×50				
60×60				
70×70				
80×80				
90×90				

附图 11　4 块样地各窗口对应林木的角尺度分布图

附图 12 的角尺度均值更清楚地表达出了这种变化：随着样地大小的变化值在变化，$\overline{W}$ 的变化说明各窗口对应林木的空间分布格局在变化，并且根据值的

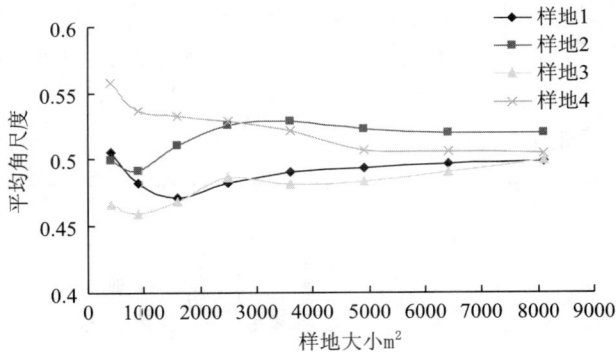

附图12　样地大小与平均角尺度关系

大小可以知道变化的强度也不同，样地面积小的时候值变化多，说明空间分布格局变化的强度大；随着样地面积的增大至 2500m² ，4 块样地的值均趋于稳定，说明其对应林木的空间分布格局趋于稳定。

附图 13 显示的是双相关函数对 4 块样地各窗口对应林木空间分布格局的分析结果。从中可以看出：随着样地大小的变化，函数曲线的波动方式在变化，这说明各窗口对应林木的空间分布格局在变化，根据波动的幅度大小可以知道其变化的强度是不一样的，样地面积小的时候曲线波动幅度大，说明空间分布格局变化的强度大；随着样地面积的增大至 2500m² ，4 块样地的函数曲线均趋于稳定，说明其对应林木的空间分布格局变化强度减小并趋于稳定。

根据以上分析，角尺度 $\overline{W}$ 和双相关函数都能清晰地反映出随着样地面积大小的变化，其对应林木的空间分布格局变化情况，并且两者的研究结果是相吻合的。

实际林分研究亦表明，随着样地面积大小的变化，其对应林木的空间分布格局不同，样地面积小的时候这种差异尤为明显，这主要因为，在样地面积大小为 20m×20m、30m×30m、40m×40m 时其调查林木的株数均小于 200，从而导致所获得的平均角尺度和双相关函数曲线都有大的波动，估计的密度亦如此；当样地面积大于等于 50m×50m 时，调查样本量均大于 200，这时随着样地面积的增大，调查样本量也随之增加，从而就出现了对应林木的空间分布格局和估计的每公顷密度均趋于稳定的局面，这表明，在进行林分密度估计和空间分布格局分析时，取样面积应有一定的大小才能较为真实地反映林分的特征。根据研究结果，当样地面积为 2500m² 或者调查株数为 200 株以上时，无论是对密度估计还是结构分析都是合适的，这与相关文献研究结论以及我国森林调查手册中的调查株数规定都是一致的。

综上所述可见，无论从结构还是从密度方面来看，2500m² 是最小的调查面积。

样地面积（m×m）	P₁	P₂	P₃	P₄
20×20				
30×30				
40×40				
50×50				
60×60				
70×70				
80×80				
90×90				

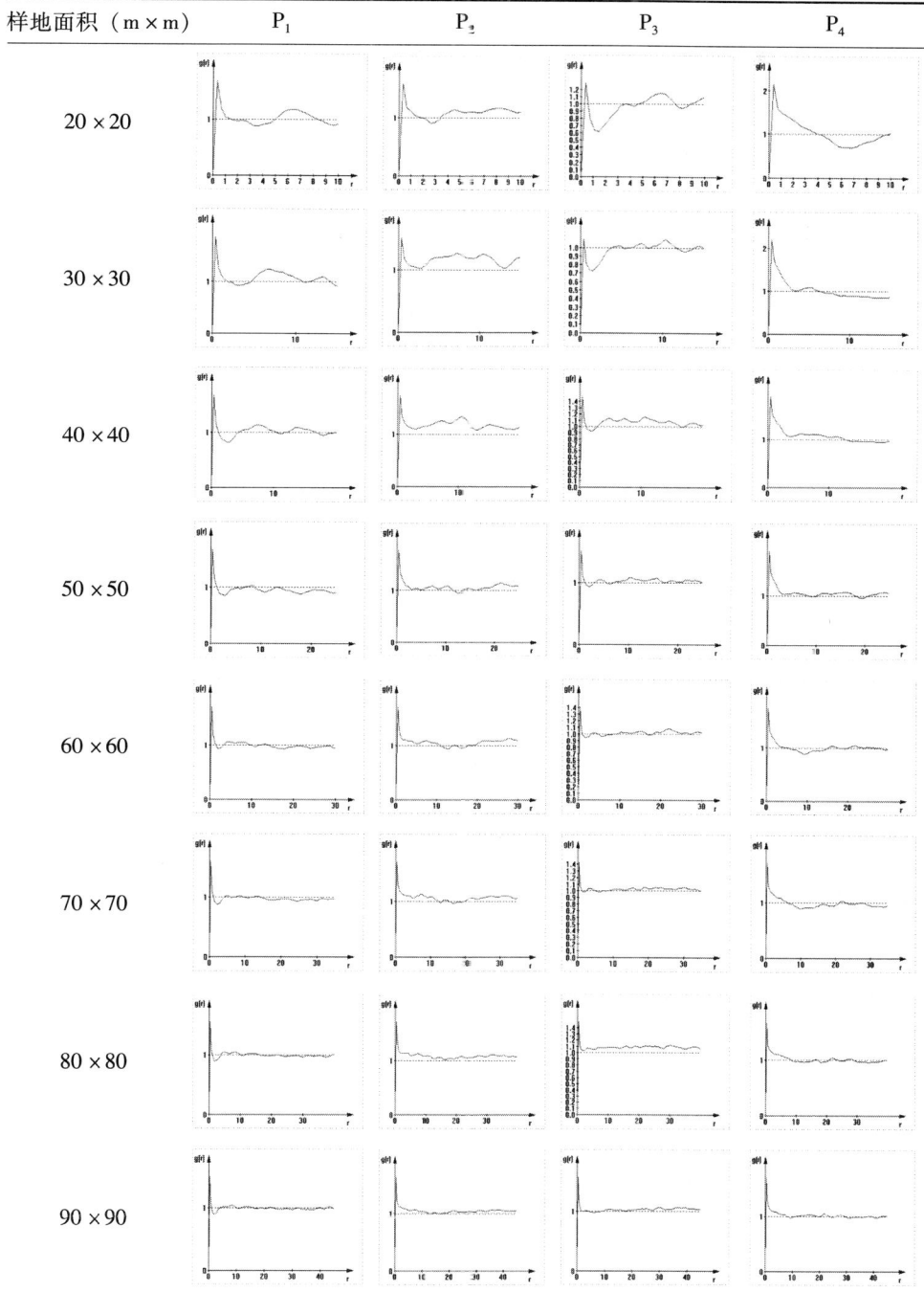

附图13　双相关函数对4块样地各窗口对应林木空间分布格局的分析

附录6　为什么格局调查需要一定样方和相应的面积

　　在群落学调查研究中，关于取样面积大小与数量的问题受到许多学者的关注，但研究多采用种——面积曲线法，研究的是种、群落或者是生物多样性的最小样地调查面积，对适合林分空间结构的最小样地调查面积和样方数量没有深入的研究。为获得林分空间结构最适样方调查面积和样方数量，在吉林蛟河林业实验局东大坡保护区设计了 100m×100m 的全面调查样地，并在其中设计 10m×10m、15m×15m、20m×20m、25m×25m、30m×30m 的样方面积进行小样方抽样调查，样方间的距离设置为 15m，每个小样方设置 4 次重复，同时，利用空间结构分析软件 Winkelmass 模拟了 100m×100m 的随机分布的样地 10 块，每块模拟样地的密度为 1000 株/hm²、树种为 4 种、各树种株数比例为 25%。采用数学模型对模拟的抽样样方与对应林木空间分布格局吻合率的关系进行拟合，并进行相关关系显著性检验，求解拟合方程的二阶导数，确定二阶导数开始趋近于 0 所对应的抽样样方数，综合分析确定林分空间分布格局进行准确判断的最小抽样样方面积和样方数，并在全面调查样地中进行抽样和分析，以验证确定的样方面积和数量的合理性和可行性，具体结果如下：

　　附表 11 显示的是对各抽样方案进行统计后林木格局分布吻合率≥90% 各抽样方案在 30 块样地中的频率。

附表 11　各抽样方案下格局的吻合率（%）

样方面积	样方数								
（m×m）	2	4	6	9	12	16	20	25	36
10×10	0	0	0	0	0	10	43.3	83.3	90
15×15	0	0	6.7	30	63.3	93.3	96.6	100	
20×20	0	6.7	50	83.3	100	100			
25×25	3.3	63.3	83.3	100					
30×30	16.7	96.7							

　　从附表 11 可以看出，在抽样样方面积固定时，抽样样方的数量太小，正确

估计林分格局的可能性很小；在抽样的数量固定时，正确估计林分格局可能性随着抽样面积的增大而增大。在样方面积为 10m × 10m，样方数为 36 时，估计的正确率才能达到 90% 以上；在样方面积为 15m × 15m，样方数为 20 时，估计的正确率为 96.6%，在样方数为 25 时，估计的正确率达到 100%；在样方面积为 20m × 20m，在样方数为 12 时，估计的正确率为 100%；在样方面积为 25m × 25m，抽样数为 9 时，估计的正确率为 100%；在样方面积为 30m × 30m，抽样数为 4 时，估计的正确率为 96.7%。因此，样方面积为 15m × 15m，抽样数为 20、样方面积为 20m × 20m，抽样数为 12、样方面积为 25m × 25m，样方数为 9 和样方面积为 30m × 30m，抽样数为 4，均可作为林分空间分布格局调查的样方数。

格局吻合率（P）随抽样样方数量（N）增加而增大，上升幅度开始较快，后来逐渐变缓。这种关系可采用饱和曲线模型进行模拟，用统计分析程序 STA-TISTICA 进行计算。

$$P = aN / (1 + bN)$$

式中：a、b——模型中的参数；P——吻合率；N——样方数。

因所设计的 20m × 20m、25m × 25m、30m × 30m 的抽样样方数较少，故这里还对样方面积为 10m × 10m、15m × 15 两种情况的数据进行了模型的拟合求解，拟合结果如表 3 – 5 所示。

附表 12　方程拟合结果

| 样方面积 | 参数 | | 相关系数 R | $R_{0.05}$ |
（m × m）	a	b		
10 × 10	0.243875	0.223483	0.87435	0.57346
15 × 15	0.489096	0.87869	0.87869	0.62568

从附表 12 可以看出，在样方面积为 10m × 10m、15m × 15m 时，各相关系数（R）均大于 $R_{0.05}$，说明抽样样方数（N）与对应林木空间分布格局的吻合率（P）的相关关系显著。

为进一步验证抽样数的合理性，采用对拟合方程求二阶导数的方法，将二阶导数为 0（或开始趋近于 0）的样方数确定为林木空间分布格局的抽样调查的最小样本量，采用 $P'' \leq 0.0001$ 对应的最小抽样样方数作为林木空间分布格局调查的最小样本量。在抽样样方面积 10m × 10m 时，方程式关于 N 的二阶导数为：$P'' = 0.109007 / (1 + 0.223489N)^2$，当 $N = 42$ 时 P'' 降至 0.0001 以下，因此可以确定在样方面积为 10m × 10m 时，林木空间格局调查的最小样方数为 42。在抽样样方面积为 15m × 15m 时，方程式关于 N 的二阶导数为：$P'' = 0.859528 /$

$(1 + 0.87869N)^3$，当 $N = 23$ 时 P''降至 0.0001 以下，因此可以确定在抽样样方面积为 15m×15m 时，林木空间格局调查的最小样方数为 23。

为进一步求证新确定的抽样样方数，以吉林省蛟河林业实验局东大坡经营区的一块面积为 100m×100m 全面调查样地为例，采用新确定的样方数对其进行模拟抽样，附表 13 显示的是抽样后各抽样方案所得的角尺度、混交度和大小比数。

附表 13　各抽样结果所得的空间结构参数

样方类型	A	B	C	D	E	F
角尺度	0.4944	0.4972	0.4945	0.5053	0.4979	0.4975
混交度	0.8273	0.8361	0.8222	0.8226	0.8342	0.8047
模拟与实际调查的误差	——	0.88%	0.51%	0.47%	0.69%	2.26%
大小比数	0.4932	0.4820	0.4965	0.4933	0.4846	0.4975
模拟与实际调查的误差	——	2.27%	0.67%	0.02%	1.74%	0.87%

（注：A：100m×100m 的全面调查样地；B：样方面积为 10m×10m，抽样样方数为 42；C：样方面积为 15m×15m，抽样样方数为 23；D：样方面积为 20m×20m，抽样样方数为 12；E：样方面积为 25m×25m，抽样样方数为 9；F：样方面积为 30m×30m，抽样样方数为 4。）

综上所述，在样方面积为 10m×10m 时，最小调查样方数为 42；在样方面积为 15m×15m 时，最小调查样方数为 23；在样方面积为 20m×20m 时，最小调查样方数为 12；在样方面积为 25m×25m 时，最小调查样方数为 9；在样方面积为 30m×30m 时，最小调查样方数为 4。考虑到的工作量、调查时间、成本等因素，在运用样方法对林分空间结构参数进行调查时，采用样方面积为 30m×30m，样方数量为 4 时，为较为合理的调查样本量。

附录 7　为什么无样地调查抽样点数为 49 个

　　为了确定适当的调查点数，特在吉林省蛟河林业实验区大坡经营区设立 100m×100m（面积为 1hm²）的样地，利用全站仪全面调查并记录高度 1.3m 以上林木的树种，进行每木定位，实测胸径；利用空间结构分析软件——Winkelmass 计算样地内胸径 5cm 以上林木的角尺度，通过平均角尺度判断林分中胸径 5cm 以上林木的空间分布格局；设计 4、9、16、25、36、49、64、81、100 个抽样点等 9 个抽样调查方案，利用 Winkelmass 软件分别进行 1000～2000 次模拟抽样，分析各抽样方案与全面调查所得的格局是否吻合，计算格局吻合率；利用统计分析程序 STATISTICA，采用数学模型对模拟抽样点数与对应林木空间分布格局吻合率的关系进行拟合，并进行相关关系显著性检验；求解拟合方程的二阶导数，确定二阶导数开始趋近于 0 所对应的抽样调查点数，综合分析确定对天然红松阔叶林空间分布格局进行准确判断的最小抽样调查样本量；以全面调查的样地为原型，利用 Winkelmass 软件自动生成 9 块大小 100m×100m、林木株数为 1000 株、林木呈随机分布（平均角尺度介于 [0.475，0.517] 之间）的样地，分别按 4、9、16、25、36、49、64、81、100 个抽样点等 9 个方案进行 1000～2000 次模拟抽样，分析其格局吻合率与抽样调查点数的关系，并对两块 100m×100m 的厄瓜多尔天然林样地分别按上述 9 个方案进行 1000～2000 次模拟抽样和分析，进一步求证最小样本量的合理性和可行性。

　　利用 Winkelmass 软件对全面调查数据进行计算，得出研究样地林分胸径 5cm 以上林木的平均角尺度为 0.4976，落在 [0.475，0.517]

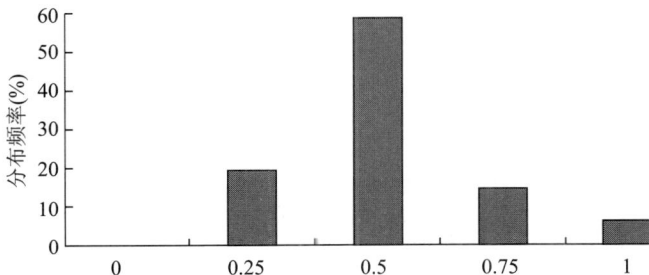

附图 14　红松阔叶林角尺度分布图

附表 14 显示了抽样调查点数（N）与林木空间分布格局吻合率（P）之间的关系，格局吻合率随抽样点数的增加而上升，最初上升很快，然后上升速度逐渐变缓。当抽样点数达到 36 后，格局吻合率均达到 90% 以上。采用下列饱和曲线模型进行模拟，利用统计分析程序 STATISTICA 进行计算，拟合结果如附表 14 和附图 15 所示。

$$P = aN / (1 + bN) \tag{1}$$
$$P = c - ae^{-bN} \tag{2}$$
$$P = a(1 - e^{-bN}) \tag{3}$$

附表 14　抽样点数与林分水平空间格局吻合率的关系

抽样点数	分布格局吻合率（%）	抽样次数
4	48.0	1906
9	51.7	2000
16	72.4	1589
25	71.7	2000
36	92.5	2000
49	96.7	1751
64	95.4	1288
81	99.9	2000
100	100	2000

附表 15　三个方程拟合结果

模型	参数			方程式	相关系数
	a	b	c		
（1）	0.14170	0.13219		$P = 0.014170N / (1 + 0.13219N)$	0.9535
（2）	0.67001	0.04266	1.01943	$P = 1.01943 - 0.67001e^{-0.04266N}$	0.9795
（3）	0.95807	0.09262		$P = 0.95807(1 - e^{0.09262N})$	0.9079

由于 $F_{0.01}(1, n-2) = F_{0.01}(1, 7) = 12.2$，

故有 $R_{0.01} = \sqrt{\dfrac{F_{0.01}}{F_{0.01} + n - 2}} = \sqrt{\dfrac{12.2}{12.2 + 9 - 2}} = 0.7971$

如附表 14 所示，三个方程的相关系数（R）均大于 $R_{0.01}$，说明各方程抽样

点数（N）与对应林木空间分布格局吻合率（P）的相关关系均特别显著。

从附表 14 看出，当抽样点数达到 36 时，林木空间分布格局吻合率（P）达到 90% 以上，其后林木空间分布格局吻合率（P）随模拟抽样点数（N）增加而上升的速度陡然变缓，因此似乎可以初步将 36 确定为吉林蛟河天然红松阔叶林空间分布格局调查的最小样本量。但如附图 15 所示，即使抽样点数达到 36 个以后，林木空间分布格局吻合率仍呈现一定的波动。为此，研究采用对拟合方程求二阶导数的办法，将二阶导数为 0（或开始趋近于 0）的点对应的样点数确定为林木空间分布格局抽样调查的最小样本量。

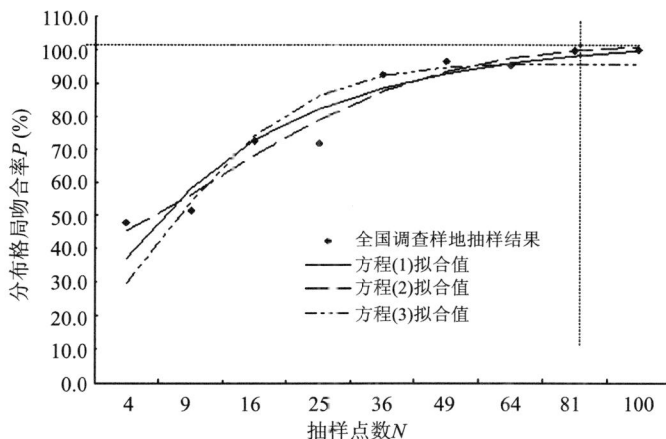

附图 15 抽样调查点数与格局吻合率之间的关系

从附表 15 看出，在所采用的饱和曲线模型中，方程（2）的相关系数最高，但如附图 15 所示，当抽样点数（N）达到 83 后，该方程拟合的林木空间分布格局吻合率将大于 100%，而这显然是不合乎逻辑的。在剩下的两个模型中，方程（1）相关系数高于方程（3）。因此，最终确定采用方程（1）进行二阶求导，其二阶导数公式如下：

$$P'' = 2ab/(1+bN)^3 = 0.03746/(1+0.13279N)^3 \tag{4}$$

如附图 16 所示，方程（1）的二阶导数曲线为随抽样点数增加逐步趋近于 0 的渐近线。本研究采用 $P'' \leqslant 0.0001$ 对应的最小抽样调查点数作为林木空间分布格局调查的最小样本量，当抽样调查点数达到 47 时，拟合方程的二阶导数降至 0.0001 以下，因此可以确定吉林蛟河天然红松阔叶林林木空间分布格局调查的最小样本量为 47。

为进一步求证上述最小样本量的合理性和可行性，以全面调查的研究样地为原型，利用 Winkelmass 软件自动生成 9 块大小 100m×100m、林木株数为

1000 株、林木呈随机分布（平均角尺度介于［0.475，0.517］之间）的模拟样地，分别按 4、9、16、25、36、49、64、81、100 个抽样点等 9 个方案进行 1000 ～ 2000 次模拟抽样，并利用方程（1）对各样地林木空间分布格局吻合率与抽样调查点数的关系进行拟合，进而进行二阶求导，取 ≤0.0001 对应的最小抽样调查点数作为林木空间分布格局调查的最小样本量。

从附表 16 看出，各模拟样地林木空间分布格局调查的最小样本量介于 44 ～ 53 之间。

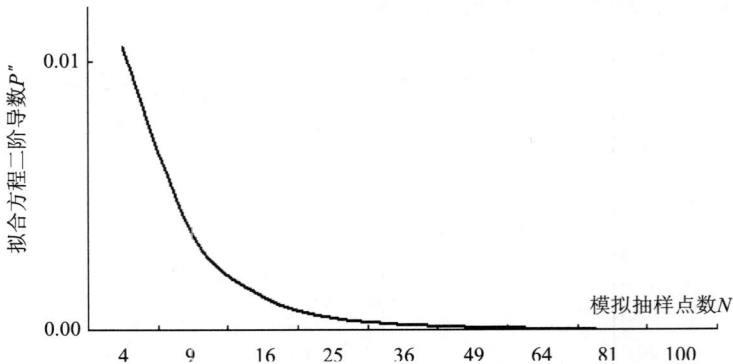

附图 16　拟合方程二阶导数与抽样点数的关系

附表 16　模拟样地林木空间分布格局调查的最小样本量

模拟样地号	平均角尺度	方程参数		相关系数	二阶导数式	最小样本量
		a	b			
1	0.4907	0.10733	0.10423	0.9422	$P''=0.01119/(1+0.10423N)^3$	49
2	0.4900	0.09658	0.08827	0.9825	$P''=0.00853/(1+0.08827N)^3$	52
3	0.4957	0.08607	0.07850	0.9197	$P''=0.00676/(1+0.0785N)^3$	53
4	0.4803	0.08647	0.09748	0.9640	$P''=0.00843/(1+0.09748N)^3$	47
5	0.5043	0.14946	0.15623	0.9189	$P''=0.002335/(1+0.015623N)^3$	44
6	0.4948	0.14866	0.14121	0.9606	$P''=0.002099/(1+0.014121N)^3$	46
7	0.4928	0.09633	0.08569	0.9377	$P''=0.00825/(1+0.08569N)^3$	53
8	0.5073	0.10277	0.10572	0.9632	$P''=0.01086/(1+0.010572N)^3$	48
9	0.4961	0.10685	0.09579	0.9540	$P''=0.01024/(1+0.09579N)^3$	52

对来自厄瓜多尔的两块 100m × 100m 天然林进行分析（如附表 17），表明天然林林木空间分布格局调查的最小样本量为 49 ～ 50。

附表17　厄瓜多尔天然林林木空间分布格局调查的最小样本量

模拟样地号	平均角尺度	方程参数		相关系数	二阶导数式	最小样本量
		a	b			
1	0.4989	0.12073	0.11458	0.9850	$P'' = 0.01383 / (1 + 0.11458N)^3$	49
2	0.5003	0.11107	0.10299	0.9828	$P'' = 0.01144 / (1 + 0.10299N)^3$	50

参照以上研究结果，采用49个点（7×7的系统网格）作为天然林林木空间分布格局调查的最小样本量将是合理和可行的。对于人工林来说，由于树种组成、结构相对简单，抽样点相对较少，以20个左右为宜。用此抽样调查所测定的角尺度值代表该系统网格所涵盖面积上的全部林木的平均角尺度值。此面积上所涵盖的林木株数（n）可用下面的公式计算：

$$n = N \cdot \frac{6 \cdot l + 10^2}{10000} \tag{5}$$

式中，N——公顷株数；l——网格间距（m）。

再用这个 n 代入置信区间公式，以求出 $\overline{W}$ 的上、下限。通过比较所测定的角尺度均值来判别格局分布类型。

另一个需要指出的是点抽样方法中如何确定林分断面积和密度的问题。为估测每公顷断面积必须附加角规测量点5个。以往的标准地都以既定面积作为必要条件，标准地内必然要每木调查，而角规标准地则在林分内设一定点为中心，通过一定的视角绕测周围的林木，专门计数超过视角的林木株数，而不测标准地面积和林木胸径。各点平均株数乘以视角对应的常数得到每公顷胸高断面积（m²）。

每公顷断面积计算公式为：

$$\hat{G}_{ha} = k \cdot N_{wzp} \tag{6}$$

其中，$k = 1$（当采用缺口为1cm，杆长为50cm角规时）；$N_{wzp} =$ 计数超过视角的林木株数（等于视角的林木株数记为0.5）。

每公顷株数按下式计算：

$$\hat{N}_{ha} = \frac{\hat{G}_h a}{\overline{g}} \tag{7}$$

式中，$\overline{g}$ 为平均断面积，它是通过对所有样点调查的林木的断面积平均而得即：

$$\overline{g} = \frac{\tau}{40000} \sum_{i=1}^{n} d_i^2 / n \tag{8}$$

当然，传统的林木直径分布也可以通过所有样点调查的林木胸径统计而得。

附录 8　林分空间结构分析软件
Winkelmass 使用说明

1. 启动

安装后，Winkelmass 2006 系统可以从 windows "开始" 菜单启动，也可以直接从可执行文件所在目录用鼠标双击启动。

2. 功能描述

综合来讲，Winkelmass 2006 系统的主要功能包括：

（1）模拟产生新林分〔New〕。该功能主要为模拟用户试验，自动实现新林分的生成→树种格局选择→所要模拟样地和树种的各项结构参数（附图 17）。

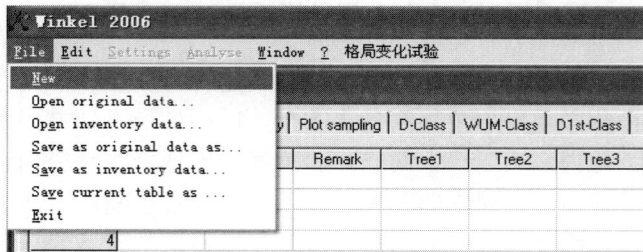

附图 17　创建新林分菜单

（2）打开原有数据计算林分的空间结构参数（Open original data）。该功能主要用来打开原始的数据文件，使用指定的方法来计算林分空间结构参数。

（3）标记采伐木后林分空间结构参数的重新计算（Analyse 菜单下的 Re-calculate）（附图 18）。该功能主要是在标记采伐木后，模拟计算林分经营后的林分空间结构参数。

（4）创建新格局，即新格局的变化试验。该功能主要为用户进行模拟试验开发。自动实现格局生成（或提取）→树种格局选择→计算样地和树种的各项结构参数→变化树种比例和方式→循环继续操作。

（5）计算修正混交度（Hui_ M），即计算参数 Hui_ M 过程。该功能主要用来打开已经生成的数据文件，使用指定的方法来计算修正的混交度参数 Hui_ M。

（6）计算树种频度。该功能用来在一个（或多个）样地文件中，设计抽样

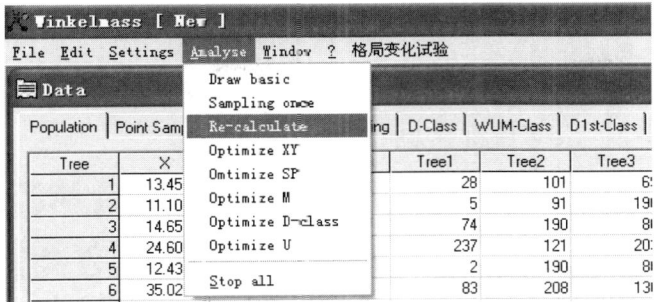

附图 18   重新计算林分空间结构参数菜单

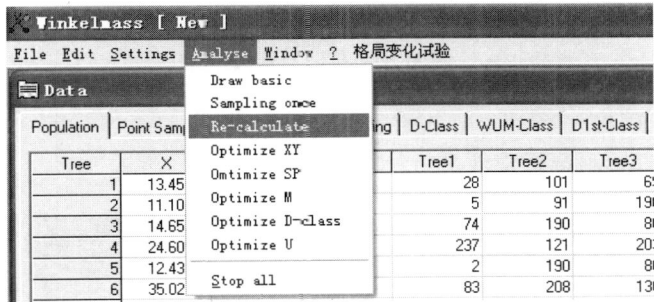

附图 19   创建新格局菜单

调查，指定多个样点，计算的各树种出现的频度。

3. 计算林分的空间结构参数

（1）功能简介

使用本功能，用户打开原始的数据文件，计算林分空间结构参数（角尺度、混交度和大小比数）。

（2）操作流程

本功能操作流程如下：

1）启动 Winkelmass 2006 系统。

2）选择菜单"File"→"Open original data"，系统将弹出打开对话框。

3）用户选择一个数据文件。

4）点击"打开"按钮，系统开始计算，计算完成后将得到的图形和各种计算结果显示在界面上。

5）数据保存。保存数据有两种方法：①可以点击"File"→"Save current table as"，在弹出对话框中选择保存目录，保存后的数据类型为"＊.txt"。②点击"Edit"→"Copy"，将"Copy"即复制后的数据粘贴在指定的 Excel 中，保存即可。

（3）界面参数介绍

1）启动本功能

如附图 20 所示即可启动本功能。

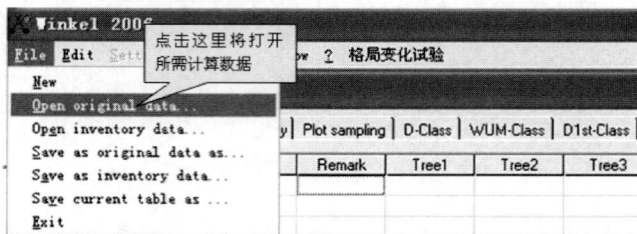

附图 20　打开原始数据

2）选择文件

如附图 21 所示选择文件进行计算。

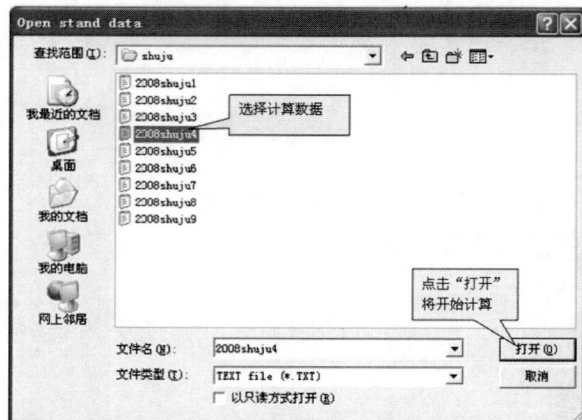

附图 21　计算原始数据——选择文件

"打开原始数据"的数据类型为" *.txt"，具体格式见附图 22。

3）计算显示

计算结果如附图 23 所示。

图中主要各项：

Tree：程序自动产生的树号；

X：X 坐标；

Y：Y 坐标；

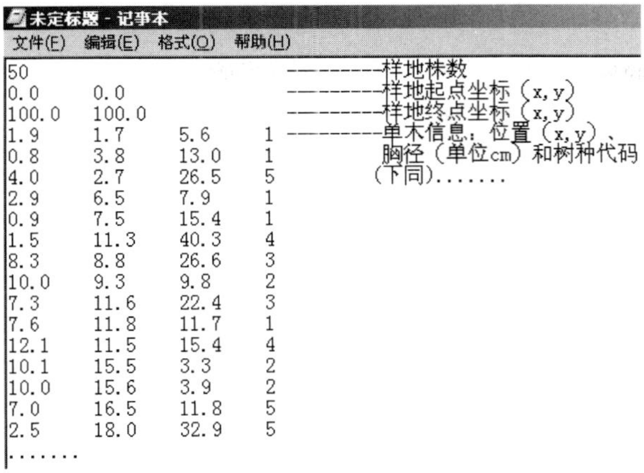

附图 22　打开原始数据 – 原始数据文件格式

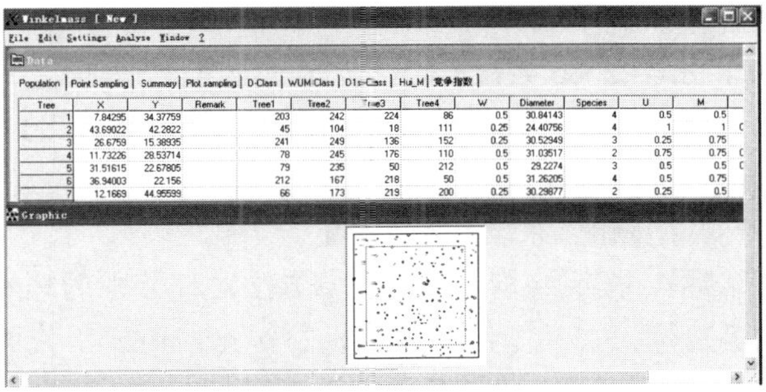

附图 23　计算结果显示

Remark：标记林木是否在核心区内并参与空间结构参数计算，标记为"buffer"即表示该林木在缓冲区内，只作为相邻木参与计算，但不作为参照树参与林分空间结构计算。

Tree1：参照树的第 1 最近相邻木；

Tree2：参照树的第 2 最近相邻木；

Tree3：参照树的第 3 最近相邻木；

Tree4：参照树的第 4 最近相邻木；

W：角尺度；

Diameter：胸径；

Species：树种；

U：大小比数；

M：混交度；

Dist1：参照树距第 1 最近相邻木的距离；

Dist2：参照树距第 2 最近相邻木的距离；

Dist3：参照树距第 3 最近相邻木的距离；

Dist4：参照树距第 4 最近相邻木的距离。

Mean：平均值。此项的 *W*、*U*、*M*，值即为计算林分的平均角尺度、平均大小比数、平均混交度，由此就可以判定林分的格局和分布类型。

4. 标记采伐木后林分空间结构参数的重新计算（Analyse 菜单下的 Re - calculate）

（1）功能简介

为了获得理想的森林空间结构，用户可在 Winkelmass 2006 中开展模拟经营试验。使用本功能可以进行采伐木标记，在移除采伐木坐标后重新计算林分的空间结构信息，可以重复多次进行优化，直到获得理想的林分空间结构。

（2）操作流程

本功能操作流程如下：

1）启动 Winkelmass 2006 系统。

2）选择菜单"File"→"Open original data"，系统将弹出打开对话框。

3）用户选择一个数据文件。

4）点击"打开"按钮，系统开始计算。

5）根据计算结果，按照结构化森林经营方法对林分中的林木进行调整，并对需采伐的林木进行标记（在图形上用鼠标右键点击所要采伐的林木，则选中的林木上会出现一个"×"）。选择菜单"Aanalyse"→"Re - calculate"，进行采伐后林分的空间结构信息的分析。计算完成后将所得到的图形和各种计算结果显示在界面上。

6）数据保存。保存数据有两种方法：①可以点击"File"→"Save current table as"，在弹出对话框中选择保存目录，保存后的数据类型为"＊.txt"。②点击"Edit"→"Copy"，将"Copy"即复制后的数据粘贴在指定的 Excel 中，保存即可。

（3）界面参数介绍

1）启动本功能

如附图 24 操作即可启动本功能。

2）计算结果显示

结果显示如附图 23 所示。

5. 计算参数 Hui_ M

（1）功能简介

Hui_ M 参数是对原混交度 M 的修正。

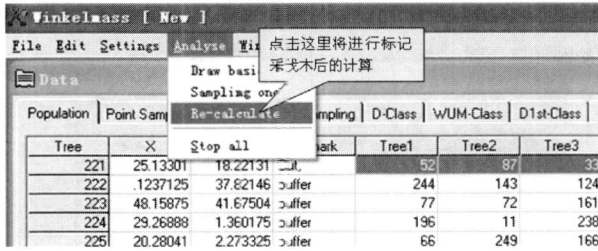

附图 24　标记采伐木后重新计算林分空间结构格局

使用本功能，用户可以选择某个样本文件（如格局变化试验中得到的中间结果文件），并计算该文件的 Hui_ M 参数。

（2）操作流程

本功能操作流程如下：

1）启动 Winkelmass 2006 系统；

2）选择菜单"格局变化试验"→"计算修正混交度（Hui_ M）"，系统将弹出设置对话框提示用户选择文件；

3）用户选择一个数据文件；

4）点击"打开"按钮，系统开始计算，计算完成后将得到的图形和各种计算结果显示在界面上。

（3）界面及参数介绍

1）启动本功能

如附图 25 操作即可启动本功能。

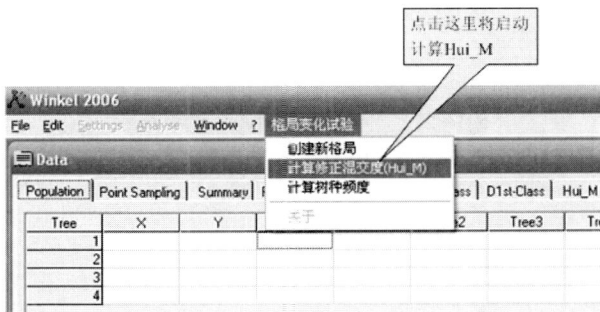

附图 25　计算 Hui_ M——启动

2）选择文件

如附图 26 所示选择文件进行计算。

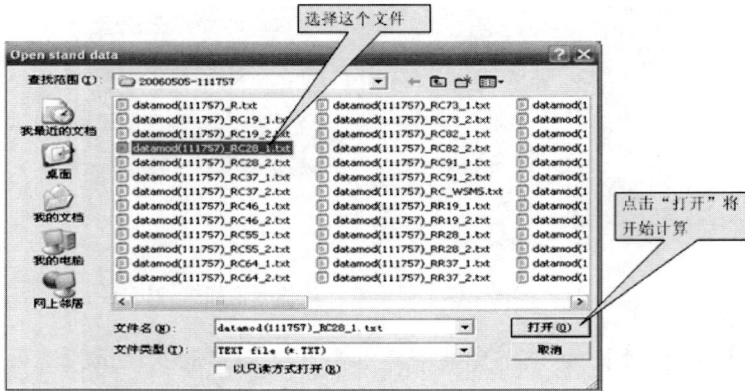

附图26　计算 Hui_ M——选择文件

3）计算显示

计算结果如附图27所示，新参数 Hui_ M 值在最后一列。

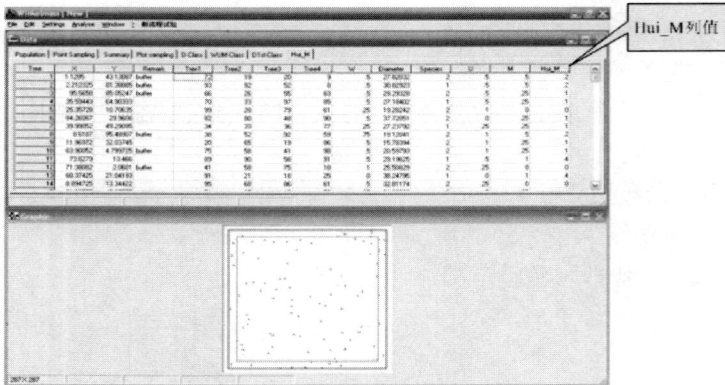

附图27　计算 Hui_ M——结果显示

附录9　研究区常见树种名录

树种名	拉丁名	树种名	拉丁名
杉　松	*Abies holophylla* Maxim.	油　茶	*Camellia reticulata* Lindl.
臭冷杉	*Abies nephrolepis*（Trautv）Maxim.	千金榆	*Carpinus cordata* Bl.
山合欢	*Acacia kalkora*（Roxb.）Erain	鹅耳枥	*Carpinus turczaninowii*
樟叶槭	*Acer cinnamomifolium* Hayata	华中山楂	*Cartaegus wilsonii* Sarg.
青榨槭	*Acer davidii* Franch.	锥　栗	*Castance henryi*（Skan.）Rehd et Wils
青皮槭	*Acer hersii* Rehd.	茅　栗	*Castanea seguinii* Dode
白牛槭	*Acer mandshuricum* Maxim.	野樱桃	*Cerasus duclouxii*（Koehne）Yü et Li
马氏槭	*Acer maximowiczii* Pax.	西南樱桃	*Cerasus duclouxii*（Koehne）Yü et Li（Prunus duclouxii Koehne
五角枫	*Acer mono* Maxim.	多毛樱桃	*Cerasus polytricha*（Koehne）Yü et Li.
飞蛾槭	*Acer oblongum* Wall. ex DC.	香　樟	*Cinnamomum* camphora（L.）Presl
青楷槭	*Acer tegmentosum* Maxim.	灯台树	*Cornus controversa* Hemsl.
桦叶四数槭	*Acer tetramerum* Pax var *betulaefolium* Rehd.	梾　木	*Cornus macrophylla* Wall.
花楷槭	*Acer ukurunduense* Trautv et. Meyr Airyshaw	华　榛	*Corylus chinensis* Franch.
唐　棣	*Amelanchier sinica*（Schneid.）Chun	灰栒子	*Cotoneaster acutifolius* Turcz.
红　桦	*Betula albo - sinensis* Burk.	泡花树	*Craibiodendron stellatum*（Pierre）W. W. Sm
枫　桦	*Betula costata* Trautv.	甘肃山楂	*Crataegus kansuensis* Wils.
光皮桦	*Betula luminnifera* H. Winkl	杉　木	*Cunninghamia tanceotata*（Lamb.）Hook
白　桦	*Betula platyphylla* Suk.	青　冈	*Cyclobalanopsis glauca*（Thanb.）Oerted.
野茉莉	*Bruinsmia polysperma*（C. B. Clarke）von Steenis	虎皮楠	*Daphniphyllum glaucescens* Bl.

（续）

树种名	拉丁名	树种名	拉丁名
柿　树	*Diospyros kaki* L. f.	鹅掌楸	*Liriodendron chinense*
柃　木	*E. trichocarpa* Korthals.	木姜子	*Litsea pungens* Hems.
山杜英	*Elaeocarpus sylvestris*（Lour.）Poir.	金花忍冬	*Lonicera chrysantha* Turcz.
辣子树	*Euodia henry* Dobe	檵　木	*Loropetalum chinense*（R. Br.）Olvie
领春木	*Euptele pleiospermum* Hook f. et Thoms.	黔桂润楠	*Machilus chienkweiensis* S. Lee.
野鸦椿	*Euscaphis japonica*（Thunb.）Dippel	武当玉兰	*Magnolia sprengeri* Pamp.
臭　檀	*Evodia daniellii* Hemsl	山荆子	*Malus baccata* Barkh.
白蜡树	*Faxinus chinensis* Roxb	桑　树	*Morus alba* L.
秦岭白腊	*Faxinus paxiana* Lingelsh.	杨　梅	*Myrica rubra*（Lour）Sieb et Zucc
光腊树	*Fraxinus griffithii* C. B. Clarke	花桐木	*Ormosia henryi* Prain
水曲柳	*Fraxinus mandshurica* Rupr.	桂　花	*Osmanthus fragrans*（Thunb.）Loureiro
花曲柳	*Fraxinus rhynchophylla* Hance	花　楸	*Ostrya japonica* Sarg.
小叶梅	*Hamamelis subaequalis* Chang	稠　李	*Padus racemosa*（Lam.）Gilib.
东陵八仙花	*Hydrangea bretschneideri* Dippel var. dushanens	泡　桐	*Paulouwnia fortunei*（Seem.）Hemsl
冬　青	*Ilex micrococca* Maxim.	黄波罗	*Phellodendron amurense* Rupr
核桃楸	*Juglans mandshurica* Maxim.	山梅花	*Philadelphus incanus* Koehne
山核桃	*Juglans sieboldiana* Maxim.	楠　木	*Phoebe zhennan* S. Lee et F. N. Wei
刺　楸	*Kalopanax septemlobus* Koidz.	鱼鳞云杉	*Picea jezoensis* Carr var *microsperma*（Lindl）
日本落叶松	*Larix kaempferi*（Lamb.）Carr.	华山松	*Pinus armandii* Franch.
香叶树	*Lindera communis* Hemsl.	红　松	*Pinus koraiensis* Sieb. et Zucc.
三桠乌药	*Lindera obtusiloba* Blume	马尾松	*Pinus massoniana* Lamb.
枫　香	*Liquidambar formosana* Hance	油　松	*Pinus tabulaeformis* Carr.
女　贞	*Liqustrum lucidum* Ait.	山　杨	*Populus davidiana* Dode.
冬瓜杨	*Populus purdomii* Rehd.	膀胱果	*Staphylea holocarpa* Hemsl.
杜（棠）梨	*Pyrus betulaefolia* Bge	红皮树	*Styrax confuses* Hemsl
木　梨	*Pyrus xerophila* Yü.	山　矾	*Symplocos caudata* Wall.

（续）

树种名	拉丁名	树种名	拉丁名
麻 栎	*Quercus acutissima* Carr.	白 檀	*Symplocos paniculata* （Thunb.） Wall. ex D. Don
锐齿栎	*Quercus aliena* var. *acuteserrata* Maxim.	暴马丁香	*Syringa reticulate* var. *mandshurica* （Maxim. Hara）
白 栎	*Quercus fabric* Hance.	红 柳	*Tamarix chinensis* L.
辽东栎	*Quercus liaotungensis* Koidz.	紫 椴	*Tilia amurensis* Rupr.
蒙古栎	*Quercus mongolica* Fisch et Turcz	桦 椴	*Tilia chinensis* Maxim.
铁橡树	*Quercus spinosa* David ex Franchet	小叶椴	*Tilia mongolica* Maxim.
五倍子	*Rhus chinensis*	少脉椴	*Tilia paucicostata* Maxim.
盐肤木	*Rhus chinensis* Mill.	网脉椴	*Tilia paucicostata* Maxim. var. *dictyoneura* （V. Engler） Chang et Ma
青麸杨	*Rhus potaninii* Maxim.	兴山榆	*Ulmus bergmanniana* Schneid
野漆树	*Rhus sylvetris* Sieb. et Zucc.	春 榆	*Ulmus davidiana* var. *japonica* （Rehd.） Nakai
漆 树	*Rhus verniciflus* Stokes	山 榆	*Ulmus glabra* Huds.
沙 柳	*Salix cheilophila* Schneider	裂叶榆	*Ulmus laciniata*（Trautv.） Mayr
柳 树	*Salix matsudana* Koidz	白皮榆	*Ulmus pumila* L.
檫 木	*Sassafras tzumu* （Hemsl.） Hemsl	乌饭树	*Vaccinium bracteatum* Thunb.
水榆花楸	*Sorbus alnifolia* K. KOCH	油 桐	*Vernicia fordii* （Hemsl.）
湖北花楸	*Sorbus hupehensis* Schneiid.	淡红荚蒾	*Viburnum erubescens* Wall.
陕甘花楸	*Sorbus koehneana* Schneid.	黄荆条	*Vitex negundo* L.
旌节花	*Stachyurus chinensis* Franch.	榉 木	*Zelkova schneideriana* Hand – Mz.

附录 10 结构化森林经营常用调查表格

天然林样地概况调查表

样地编号：_____ 调查日期：_____年___月_____日　调查人：_____

地理位置：_____省_____县_____乡（局）_____林场

样地面积：_____

立地类型：

立地类型区：_____　立地类型：_____

群落名称：_____地位指数：_____海拔：_____（m）

大地形：_____

中地形：_____

小地形：_____

母岩及地质条件：_____

土壤：

坡向：_____坡位：_____坡度：_____坡形：_____

土壤名称_____

植被：

乔木盖度：_____% 灌木盖度：_____% 高度：_____（m）

草本盖度：_____% 高度：_____（m）苔藓地衣盖度：_____% 高度：____（m）

主要植物种类名称及盖度和高度：

_____

_____

_____

_____

_____

林况描述（经营情况、人、畜、风、雪、火损害等）

_____

_____

_____

_____

_____

_____

空间结构参数抽样调查表

抽样点号	参照树		第一相邻木			第二相邻木			第三相邻木			第四相邻木			相邻木分布角			
	树号	树名	树名	$D_1 > D_0$	$H_1 > H_0$	树名	$D_1 > D_0$	$H_1 > H_0$	树名	$D_1 > D_0$	$H_1 > H_0$	树名	$D_1 > D_0$	$H_1 > H_0$	角1<72°	角2<72°	角3<72°	角4<72°

注：凡满足条件者记为 1，否则记 0。

调查地点：　　　　　　　　　　　　　调查人：

抽样调查表

抽样点号	参照树号	树 名	胸径(cm)	树高(m)	枝下高(m)	冠幅(m)	角尺度	混交度	大小比数	竞争树大小比数	备 注
	1										
	2										
	3										
	4										
	1										
	2										
	3										
	4										
	1										
	2										
	3										
	4										
	1										
	2										
	3										
	4										
	1										
	2										
	3										
	4										

调查地点：　　　　　　　　　　　　　　　　　　　　调查人：

天然更新样方幼树调查表

标准地号：————　　日　期：————
样方面积：————　　调查人：————
　　　　　　　　　　　样方个数：————

样方号	树种名	当年生苗		各高度级实生株数												各高度级萌生株数														其他
				30cm以下		31~50		51~100		101~150		151~200		200cm以上		合计		30cm以下		31~50		51~100		101~150		151~200		200cm以上		合计	
		H	I	H	I	H	I	H	I	H	I	H	I	H	I	H	I	H	I	H	I	H	I	H	I	H	I	H	I	H	I	

H：健康；I：不健康。

竞争树大小比数调查表

标准地号：_____　　日　期：_____　　调查人：_____

样方面积：_____　　样方个数：_____

参照树编号	树号	竞争树				竞争树大小比数
		竞争类型				
		A	P	C	L	

参照树编号	树号	竞争树				竞争树大小比数
		竞争类型				
		A	P	C	L	

注：竞争类型：A（absolute）树冠完全遮盖；P（partial）树冠部分遮盖；C（crush）挤压；L（latest）相邻最近的；竞争树大小比数竞争树胸径大于参照树胸径（$D_1 \geq D_0$）记为1，否则记为0。

参考文献

安慧君. 2003. 阔叶红松林空间结构研究. 北京林业大学博士学位论文

安慧君，张韬. 2004. 异龄混交林结构量化分析. 北京：中国环境科学出版社

班勇，徐化成，李湛东. 1997. 兴安落叶松老龄林落叶松林木死亡格局以及倒木对更新的影响. 应用生态学报，8（5）：449－454

边巴多吉，郭泉水，次柏. 2004. 西藏冷杉原始林林隙对草本植物和灌木树种多样性的影响. 应用生态学报，25（2）：191～194

常建娥，蒋太立. 2007. 层次分析法确定权重. 武汉理工大学学报（信息与管理工程版），29（1）：153～156

陈昌雄，陈平留. 1996. 闽北天然次生林林木直径分布规律的研究. 福建林学院学报，16（2）：122～125

陈东来，秦淑英. 1994. 山杨天然林林分结构的研究. 河北农业大学学报，17（1）：36～43

陈高，邓红兵，代力民，等. 2005. 综合构成指数在森林生态系统健康评估中的应用. 生态学报，25（7）：1725～1733

陈灵芝. 1993. 中国的生物多样性——现状及其保护对策. 北京：科学出版社

陈廷贵，张金屯. 1999. 十五个物种多样性指数的比较研究. 河南科学，17：55～58

邓苗. 2005. 广东林业生态省建设的森林生态基础与工程技术分析. 南京林业大学硕士学位论文，14～15

段仁燕，王孝安. 2005. 太白红杉种内和种间竞争研究. 植物生态学报，29（2）：242～250

郭东罡，上官铁梁，李喆. 2008. 中条山混沟地区的原始森林分布和物种多样性特征研究. 安徽农业科学，36（24）：10450～10453

郭晋平. 2001. 森林可持续经营背景下的森林经营管理原则. 世界林业研究，14（4）：37～42

国家林业局. 2003. 国家森林资源连续清查技术规定. 北京：中国林业出版社

哈茨费尔德主编. 沈照仁等译. 1997. 生态林业理论与实践. 中国林业出版社

韩有志，王政权. 2002. 森林更新与空间异质性［J］. 应用生态学报，13（5）：615～619

郝云庆，王金锡，王启和等. 2005. 崇州林场不同林分自然度分析与经营对策研究. 四川林业科技，26（2）：20～26

贺金生，江明喜. 1998. 长江三峡地区退化生态系统植物群落物种多样性特征. 生态学报，18（4）：399～407

胡文力，亢新刚，董景林，等. 2003. 长白山过伐林区云冷杉针阔混交林林分结构的研究. 吉林林业科技，32（3）：1～6

黄世能，王伯荪. 2000. 热带次生林群落动态研究：回顾与展望. 世界林业研究，13（6）：7～13

黄祥童. 1996. 长白山珍稀濒危植物的保护与利用. 资源科学，1：68 ~ 72

黄忠良，孔国辉. 2000. 鼎湖山植物群落多样性的研究. 生态学报，20（2）：193 ~ 198

惠刚盈，Gadow K. v. 2001. 德国现代森林经营技术. 北京：中国科学技术出版社

惠刚盈，胡艳波. 2001. 混交林树种空间隔离程度表达方式的研究. 林业科学研究，14（1）：177 ~ 181

惠刚盈，Gadow K. v.，Albert M. 1999. 一个新的林分空间结构参数——大小比数. 林业科学研究，12（1）：1 ~ 6

惠刚盈，Gadow K. v.，Albert M. 1999. 角尺度—— 一个描述林木个体分布格局的结构参数. 林业科学，35（1）：37 ~ 42

惠刚盈，克劳斯·冯佳多. 2003. 森林空间结构量化分析方法. 北京：中国科学技术出版社

惠刚盈，Gadow K. v.，胡艳波. 2004. 林分空间结构参数角尺度的标准角选择. 林业科学研究，17（6）：687 ~ 692

惠刚盈，Gadow K. v. 等. 2004. 林木分布格局类型的角尺度均值分析方法. 生态学报，24（6）：1225 ~ 1229

惠刚盈，胡艳波. 2006. 角尺度在林分空间结构调整中的应用. 林业资源管理，2：31 ~ 35

惠刚盈，胡艳波，赵中华. 2008. 基于相邻木关系的树种分隔程度空间测度方法. 北京林业大学学报，30（4）：131 ~ 134

惠刚盈，胡艳波，赵中华. 2008. 森林可持续经营的方法与现状. 世界林业研究，21：1 ~ 8（特刊）

惠刚盈，Klaus von Gasow，胡艳波，等. 2007. 结构化森林经营. 北京：中国林业出版社

惠刚盈，克劳斯·冯佳多（德）. 2003. 森林空间结构量化分析方法. 北京：中国科学技术出版社

惠刚盈，盛炜彤. 1995. 林分直径结构模型的研究. 林业科学研究，8（2）：127 ~ 131

惠刚盈，王韩民，胡艳波. 2005. 遗传绝对距离差异显著性检验方法，生态学报，25（10）：2534 ~ 2539

贾艳红，赵军，南忠仁，等. 2006. 基于熵权法的草原生态安全评价——以甘肃牧区为例. 生态学杂志，25（8）：1003 ~ 1008

江波. 2005. 浙江省生态公益林群落结构特征及其调控研究. 北京林业大学博士学位论文

将志刚，马克平，韩兴国. 1997. 保护生物学. 杭州：浙江科学技术出版社

蒋有绪. 2000. 国际森林可持续经营的标准与指标体系研制进展. 世界林业研究，10（2）：9 ~ 14

金明植，施溯筠，全炳武，等. 2001. 长白山北坡珍稀濒危植物及其自然保护. 延边大学农学学报，23（2）：122 ~ 128

雷相东，唐守正. 2000. 森林经营对群落 α 多样性的影响定量研究进展. 生态学杂志，19（3）：46 ~ 51

李典谟. 1997. 生态的多样性度量. 生态学杂志，6（4）：49 ~ 52

刘小林，独军等. 1999. 小陇山林区珍稀植物资源现状与保护策略. 甘肃林业科技，24（1）：52 ~ 55

李景文. 1994. 森林生态学. 北京：中国林业出版社

李景文. 1997. 红松混交林生态与经营. 哈尔滨：东北林业大学出版社

李迈和, Norbert Kruchi, 杨 健. 2002. 生态干扰度；一种评价植被天然性程度的方法. 地理科学进展, 21（5）：450~458

李毅. 1994. 甘肃胡杨林分结构的研究. 干旱区资源与环境, 8（3）：88~95

刘金福, 林升学. 2001. 格氏栲天然林主要种群直径分布结构特征. 福建林学院学报, 21（4）：325~328

陆元昌, Knut Sturm. 2005. 近自然森林经营理论技术及在我国林业建设中的应用. 森林经营管理研究, 北京：中国林业出版社, 106~120

陆元昌. 2006. 近自然森林经营的理论与实践. 北京：科学出版社

罗大庆, 郭泉水, 黄界, 等. 2004. 西藏色季拉原始冷杉林死亡木特征研究. 生态学报, 24（3）：635~639

罗扬, 佘光辉, 刘恩斌. 2007. 基于熵权重的喀斯特地区林业可持续发展评价方法. 南京林业大学学报, 31（1）：113~117

马建路, 李君华, 赵惠勋等. 1994. 红松老龄林红松种内种间竞争的数量研究. 见：祝宁主编. 植物种群生态学研究现状与进展. 哈尔滨：黑龙江科学技术出版社, 147~153

马克平. 1993. 试论生物多样性的概念. 生物多样性 1993，Ⅰ（1）：20~22

马克平. 1994. 生物群落多样性的测度方法：Ⅰα多样性的测度方法. 生物多样性, 2（3），162~168

马克平, 黄建辉. 1995. 北京东灵山地区植物群落多样性的研究：Ⅱ丰富度，均匀度和物种多样性. 生态学报, 15（3）：268~277

马克平, 叶万辉, 于顺利, 等. 1997. 北京东灵山地区植物群落多样性研究Ⅷ群落组成随海拔梯度的变化. 生态学报, 17（6）：593~600

马晓勇, 上官铁梁. 2004. 太岳山森林群落物种多样性. 山地学报, 22（5），606~612

孟宪宇, 邱水文. 1991. 长白山落叶松直径分布收获模型的研究. 北京林业大学报, 13（4）：9~15

孟宪宇. 1995. 测树学（第2版）. 中国林业出版社

孟宪宇. 1988. 使用 Weibull 函数对树高分布和直径分布的研究. 北京林业大学学报, 10（1）：40~48

宁丁全. 2004. 生物多样性基本概念及其数学方法. 金陵科技学院学报, 20（2）1~4

钱本龙. 1984. 岷山冷杉林分的直径结构. 林业调查规划, 3：10~12

邱扬, 李湛东, 张玉钧, 等. 2003. 大兴安岭北部原始林兴安落叶松种群世代结构研究. 林业科学, 15~22

邱扬, 李湛东, 张玉钧, 等. 2006. 大兴安岭北部地区原始林白桦种群的世代结构. 植物生态学报, 30（5）753~762

任青山. 2002. 西藏冷杉原始林群落物种多样性初步研究. 生态学杂志, 21（2）：67~70

邵球军, 李志民, 李岭. 2008. 熵权模糊积分混合多目标决策方法研究. 决策参考, 22：41~42

沈国舫.2001.森林培育学.北京：中国林业出版社

史作民，程瑞梅，刘世荣，等.2002.宝天曼植物群落物种多样性研究.林业科学，38（6），17~23

宋永昌.2001.植被生态学.上海：华东师范大学出版社

孙冰，杨国亭，迟福昌，等.1994.白桦种群空间分布格局研究.植物研究，14（2）：201~207

孙培琦，赵中华，惠刚盈，等.2009.天然林林分经营迫切性评价方法及其应用.林业科学研究，22（3），343~348

汤孟平.2003.林分空间结构分析系统.北京：中国林科院博士学位论文

汤孟平.2007.森林空间经营理论与实践.北京：中国林业出版社，144~146

汤孟平，唐守正，雷相东，等.2004.两种混交度的比较分析.林业资源管理，（4）：25~27

汤孟平，唐守正，雷相东，等.2004.林分择伐空间结构优化模型研究.林业科学，40（5）：25~31

汤孟平，唐守正，李希菲，等.2003b.树种组成指数及其应用.林业资源管理，（2）：33~36

唐守正.2006.东北天然林生态采伐更新技术指南.北京：中国科学技术出版社

唐守正.1998（特）.关于可持续森林经营的概念及研究中的一些问题.林业资源管理，93~96

唐守正，李希菲，孟昭和.1993.林分生长模型研究的进展.林业科学研究，6（6）：672~679

唐文彬，韩之俊.2001.基于熵值法的财务综合评价方法.南京理工大学学报25（6）：650~653

田松岩，宋国华，宋存彦，等.2005.东北林区天然林林分结构及林分生产力的研究.林业科技，30（4）：21~22

屠玉麟.1991.自然保护区评价的"自然度"方法.贵州师范大学学报（自然科学版），2：9~14

王家骥.1992.潮白河密云水库流域自然景观的分级和评价.环境科学研究，5（4）：41~45

王金锡，王启和，孙鹏，等.2007.退化天然常绿阔叶林近自然林经营技术研究.四川林业科技，28（2）：7~14

王丽丽，郭晶华.1994.江西大岗山植被类型及其自然度与经营集约度的划分和评价.林业科学研究，7（3）：286~293

王小平，陆元昌，秦永胜.2008.北京近自然森林经营技术指南.北京：中国林业出版社，38~43

王雪峰，管青军.1999.非参数核估计在探讨天然林直径结构规律中的应用.林业科学研究，12（4）：363~368

王永繁，余世孝，刘蔚秋.2002.物种多样性指数及其分形分析.植物生态学报，26（4）：391~395

魏湘岳，朱靖.1989.北京城市及近郊区环境结构对鸟类的影响.生态学报，9（4）：

285~289

文昌宇，黄俊泽．2006．浅议广东森林自然度划分标准．中南林业调查规划，25（3）：8~10

谢晋阳，陈灵芝．1994．暖温带落叶阔叶林的物种多样性特征．生态学报，14（4）：337~344

谢应忠．1998．生物多样性的生态学意义及其基本测度方法．宁夏农学院学报，19（3）：13~20

徐海，惠刚盈，胡艳波，等．2007．天然红松阔叶林林木分布格局研究的最小样本量．林业科学研究，20（2）：160~164

徐化成，范兆飞，王胜．1994．兴安落叶松原始林林木空间格局的研究．生态学报，14（2）：155~160

徐化成，范兆飞．1993．兴安落叶松原始林年龄结构动态的研究．应用生态学报，4（3）：229~233

徐化成．2004．森林生态系统与生态系统经　北京：化学工业出版社

徐晓敏．2008．层次分析法的应用．统计与决策，1：156~158

许芳，刘殿国．2008．中国农业安全度的生态学评估——基于熵权修正层次分析法的研究．郑州航空工业管理学院学报，26（2）：53~56

许树柏．1988．实用决策方法——层次分析法原理．天津：天津大学出版社，1~13

杨清伟．2001．贡嘎山峨眉冷杉原始林及其更新群落凋落物的特征．植物资源与环境学报，10（3）：35~38

姚爱静，朱清科，张宇清，等．2005．林分结构研究现状与展望．林业调查规划，2：70~76

于政中．1993．森林经理学．北京：中国林业出版社

喻庆国．2007．基于自然度的森林景观分异研究．北京林业大学博士学位论文，26~32

岳天祥．1999．生物多样性模型研究．自然资源学报，14（4）：377~380

张敏，黄国胜，王雪军．2004．应用层次分析方法进行森林自然性评价的探讨．林业资源管理，3，25~28

张群，范少辉，沈海龙，等．2004．次生林林木空间结构等对红松幼树生长的影响．林业科学研究，17（4）：405~412

张会儒，唐守正．森林生态采伐研究简述．林业科学，43（9）：83~87．

张家城，陈力，郭泉水，等．1999．演替顶极阶段森林群落优势树种分布的变动趋势研究．植物生态学报，23（3）：256~268

张敏，黄国胜，王雪军．2004．应用层次分析方法进行森林自然性评价的探讨．林业资源管理，3：25~28

张守攻，朱春全，肖文发．2001．森林可持续导论．北京：林业出版社

张思玉，郑世群．2001．笔架山常绿阔叶林优势种群种内间竞争的数量研究．林业科学，31（专刊）：185~188

张玉环，汪俊三．1991．生态破坏等级的自然度研究及应用：以海南岛为例．环境科学研究，4（5）：45~49

张跃西．1993．邻体干扰模型的改进及其在营林中的应用，植物生态学与地植物学学报，17

(4) 352~357。

张志英. 1989. 长白山地区人类活动与自然度的分布规律. 中国环境管理, (5)：18~19

赵常明, 陈伟烈. 2002. 神农架植被及其生物多样性基本特征. 生物多样性保护与区域可持续发展. 北京：中国林业出版社, 270~280

赵士洞, 汪业勖. 1997. 生态系统管理的基本问题. 生态学杂志, 16 (4)：35~38

赵振洲, 李昀, 陆元昌. 2005. 面向林业主题的知识模型构建方法. 西部林业科学, 34 (5)：43~47

赵中华, 惠刚盈, 袁士云, 等. 2009. 小陇山锐齿栎天然林空间结构特征. 林业科学, 45 (3)：1~6

赵中华, 袁士云, 惠刚盈, 等. 2008. 甘肃小陇山 5 种不同灌木林改造模式对比分析, 21 (2)：262~267

赵中华, 袁士云, 惠刚盈, 等. 2008. 经营措施对林分空间结构的影响. 西北农林科技大学学报 (自然科学版), 36 (7)

赵中华, 袁士云, 惠刚盈, 等. 2008. 小陇山锐齿栎天然林的树种多样性和结构特征. 林业科学研究, 21 (5)：605~610

赵中华. 2009. 基于林分状态特征的森林自然度评价研究. 北京：中国林科院博士学位论文

浙江省林业厅, 2005 年浙江省森林资源状况

中国可持续发展林业战略研究总论. 2002. 北京：中国林业出版社, 65~85

周红敏, 惠刚盈, 赵中华, 等. 2009. 角尺度调查中最适样方面积和数量的研究. 林业科学研究究, 22 (4)：482~485

周繇. 2004. 长白山区珍稀濒危植物的现状与保护. 浙江林学院学报, 21 (3)：263~268

周繇. 2006. 长白山区珍稀濒危植物优先保护序列的研究. 林业科学研究, 19 (6)：740~749

朱教君. 2002. 次生林经营基础研究进展. 应用生态学报, 13 (12)：1689~694.

朱教君, 刘世荣. 2007. 森林干扰生态研究. 北京：中国林业出版社, 1~26

Andrej Boncina. 2000. Comparison of structure and biodiversity in the Rajhenav virgin forest remnant and managed forest in the Dinaric region of Slovenia. Global Ecology & Bio-geography, 9, 201~211

Antonio Machado. 2004. An index of naturalness. Journal for Nature Conservation, 12：95~110

Bella, E. 1971. A new competition model for individual tree. Forest Science, 17S：362~367.

Bovet, M. T. & Ribas, J. 1992. Clasificacio'n pordominancia de elementos. In M. Bolo's (Ed.), Manual de ciencia del paisaje. Teor'a, me'todos y aplicaciones. 69~80

Costanza R. Norton B G, Haskell B D. 1992. Ecosystem Health：New goals for environmental management. Washington D C：Island Press

Curtis, J. T. and McIntosh R. P. 1951. An upland forest continuum in the prairie-forest border region of Wissonsin. Ecol., 32：476~496

Edarra. 1997. Bota'nica ambiental aplicada. Pamplona：Eunsa

Ellenberg H. 1963. Vegetation Mitteleuropas mit den Alpen in kausaler, dynamischer und historiscer

Sicht. Stuttgart: Ulmer, 1 ~ 943

FAO. 1997. Recent trends and current status of forest resources. State of the world's forests. 10 ~ 15

Fisher Ra, Corbet A S, Williams C B. 1943. The relation between the number of species and the number of individuals in a random of an animal population. Ecology, 12

Forman, R. T. T., & Godron, M. 1986. Landscape ecology. New York: Wiley

Füldner, K. 1995. Strukturbeschreibung von Buchen-Edellaubholz-Mischw'ldern. Dissertation 146S

Gadow K. v. 1987. Untersuchungen zur Konstruktion von Wuchsmodellen fuer schnellwuechige Plantagenbaumarten, Forstliche Forschungsberichte Muenchen, 77S: 1 ~ 123

Gadow, K. u. Füldner, K. 1992. Bestandesbeschreibung in der Forsteinrichtung. Tagungsbericht der Arbeitsgruppe Forsteinrichtung Klieken bei Dessau 15. 10. 92

Garcia A., Irastoza P., Garcia C. et al. 1999. : Concepts associated with deriving the balanced distribution of uneven-aged structure from even-aged yield tables: Application to Pinus sylvestris in the central mountains of Spain. In: F. M. Olssthoorn, H. H. Bartelink, J. J. Gardiner, H. Pretzsch, H. J. Hekhuis, A. Frano (eds). Management of mixed-species forest: silviculture and economics. Dlo Institute for Forestry and Nature Research (IBN-DLO), Wageningen, 109 ~ 127

Grabherr G, Koch G, Kirchmeir H et al. 1998. Oesterreichischer Waldoekosysteme. Veroeffentlichungen des oesterreichischen MAB-Programms, Band 17. Innsbruck: Unversitaetsverlag Wagner, 1 ~ 493

Grant, A. 1995. Human impacts on terrestrial ecosystems. In T. O' Riordan (Ed.), Environ-mental science forenvironmental management (pp. 66 ~ 79). Singapore: Longman Scientifc & Technical

Gregorius H R. 1984. A Unique Genetic Distance. Biom. J., 26 (1): 13 ~ 18

Gregorius H R. 1974. Genetischer Abstand zwischen Populationen. Zur Konzeption der Genetischen Abstandsmessung. Silvae Genetica, 23: 22 ~ 27

Hegyi, F. 1974. A simulation model for managing jack-pine stands. In: Fries, J. ed. Growth mo-els for tree and stand simulation. Sweden: Royal College of Forestry, Stockholm, 1974 74 ~ 90.

Hekhuis H J, Wieman E A. 1999. osts, revenues and function fulfillment of nature conservation and recreation values of mixed, uneven-aged forests in The Nether-lands. In: OlsthoornA FM, Bartelink HH, Gardiner J J, et al. (eds). Management of mixed species forest: siviculture and economics. Dlo Institute for Forestry and Nature Research (IBN_ DLO), Wageningen, 23 (1): 331 ~ 345

Holmes M. J., Reed D. D. 1991. Competition indices for mixed species northern hardwoods. For. Sci, 37 (5): 1338 ~ 1349.

Hui, G. Y. Albert, M. and Chen, B. W. 2003. Reproduktion der Baumverteilung im Bestand unterVerwendung des Strukturparameters Winkelma'. Allgemeine Forst u. Jagdzeitung. in Druck

Hui, G. Y. and Gadow K. v. 2002. Das Winkelmass-Theoretische 'berlegungen zum optimalen Standardwinkel. Allgemeine Forst u. Jagdzeitung, 173 (9)

Hui, G. Y. and Gadow K. v. 2002. Das Winkelmass-Theoretische 'berlegungen zum optimalen Standardwinkel. Allgemeine Forst u. Jagdzeitung, 173 (10)

Hui, G. Y. , Albert, M. Gadow, K. v. 1998. Das Umgebungsma' als Parameter zur Nachbildung von Bestandesstrukturen. Forstw. Cbl. 117 (1): 258 ~ 266

Hui, G. 'Y. M. Abert und K. v. 'Gadow'. 1998. Das Umgebungsma' als Parameter zur Nachbildung von Bestandesstrukturen. Forstw. Cbl. 117 (1): 258 ~ 266. The measure of neighbourhood dimensions as a parameter to reprcduce stand structures

Hurlbert SH. 1971. The nonconcept of species diversity: a criteria and alternative parameters. Ecology, 52: 577 ~ 586

Jalas J. 1953. Hemerokorit ja hemerobit. Luonnon Tutkija, 57: 12 ~ 16

Jalas J. 1955. Hemerobie und hemerochore Pflanzenartenein terminologischer Reformversuch. Acta Soc. Fauna Flora Fenn, 72 (11): 1 ~ 15

Kowarik I. 1990. Some responses of flora and vegetation to urbanization in Central Europe. In: Sukopp H, Hejny S, Kowarik I eds. Urban Ecology-Plants and plant communities in urban environments. The Hague: SPB Academic Publishing bv, 45 ~ 74.

Machado, A. , Blangy, S. , & Mota, M. M. 1994. Diagno'stico ambiental de las islas Gala'pagosypropuesta para su gestio'n ambiental. Madrid: Comisio'n de las Comunidades Europe as

Meyer H A. 1952. Structure, growth and drain in balanced uneven-aged forests. Jour Forestry, 50 (2): 85 ~ 92

Michael D E, David D R. 1990. Stand development and economic analysis of alternative cutting methods in northern hardwoods: 32-rear results. North J Appl For, 7 (4): 153 ~ 158

Sari Pitk'nen. 2000. Classification of vegetational diversity in managed boreal forests in eastern Finland. Plant Ecology, 146: 11 ~ 28

Sari Pitk'nen. 1997. Correlation between stand structure and ground vegetation: an analytical approach. Plant Ecology, 1997, 131: 109 ~ 126

Schirmer C. 1999. Ueberlegungen zur Naturnaehebeurteilung heutiger Waelder. Allg. Forst-u. J. Ztg. , 1999, 170 (1): 11 ~ 18

Simpson. E H. 1949. measurement of diversity Nature. 163 ~ 688

Smith H C. 1979. An evaluation of four uneven-age cutting practices in central appalachian hardwoods. Southern Journal of Applied Forestry, (2): 193 ~ 200

Sukopp H. 1969. Der Einfluss des Menschen auf die Vegetation. Vegetatio, 17: 360 ~ 375

Thomas L. Saaty. 1982. Decision Marking for Leaders. California: LifetimeLearning Publications

Thomas L. Saaty. 1980. The Analytic Hierarchy Process. New York: McGraw-Hill

Tuexen R. 1942. Ersatzgesellschaften. Wiss. Rundbriefe d. Zentralstelle f. Vegetationskartierung 12, Hannover

U. Steinhardt, F. Herzog, A. Lausch, et al. 1999. Hemeroby index for landscape monitoring and evaluateon. In: Pykh, Y. A. , Hyatt, D. E. , Lenz, R. J. (eds): Environmental Ind-ices System Anal-ysis Approach. Oxford, EOLSS Publ. , pp. 237 ~ 254